최상위 사고력을 위한 특별 학습 서비스

문제풀이 동영상
최고난도 문제를 동영상으로 제공하여 줍니다.

최상위 사고력 2B

펴낸날 [초판 1쇄] 2018년 9월 7일 [초판 3쇄] 2022년 12월 1일
펴낸이 이기열
펴낸곳 (주)디딤돌 교육
주소 (03972) 서울특별시 마포구 월드컵북로 122 청원선와이즈타워
대표전화 02-3142-9000
구입문의 02-322-8451
내용문의 02-323-9166
팩시밀리 02-338-3231
홈페이지 www.didimdol.co.kr
등록번호 제10-718호
구입한 후에는 철회되지 않으며 잘못 인쇄된 책은 바꾸어 드립니다.
이 책에 실린 모든 삽화 및 편집 형태에 대한 저작권은
(주)디딤돌 교육에 있으므로 무단으로 복사 복제할 수 없습니다.
Copyright © Didimdol Co. [1861820]

초등 **2B**

상위권의 기준

최상위
사고력

수학 좀 한다면

선 하나를 내리긋는 힘!

직사각형이 있습니다.
윗변의 어느 한 점과 밑변의 두 끝을 연결한
삼각형을 만듭니다.

이 삼각형은 직사각형 전체 넓이의 얼마를 차지할까요?

옛 수학자가 이 문제를 푸느라
몇 날 며칠 밤, 땀을 뻘뻘 흘립니다.

그러다 문득!
삼각형의 위쪽 꼭짓점에서 수직으로 선을 하나 내리긋습니다.

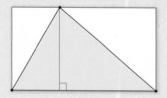

이제 모든 게 선명해집니다.
직사각형은 2개로 나뉘었고
각각의 직사각형은 삼각형의 두 변에 의해 반씩 나누어 집니다.

정답은 $\dfrac{1}{2}$

그러나 중요한 건 정답이 아닙니다.
문제를 해결하려 땀을 뻘뻘 흘리다, 뇌가 번쩍하며
선 하나를 내리긋는 순간!
스스로 수학적 개념을 발견하는 놀라움!

삼각형, 직사각형의 넓이 구하는 공식을 달달 외워
기계적으로 문제를 푸는 것이 아닌

진짜 수학적 사고력이란 이런 것입니다.
문제에 부딪혔을 때, 문제를 해결하는 과정 속에서
스스로 수학적 개념을 발견하고 해결하는 즐거움.
이러한 즐거운 체험의 연속이 수학적 사고력의 본질입니다.

선 하나를 내리긋는 놀라운 생각.
디딤돌 최상위 사고력입니다.

수학적 개념을 발견하고 해결하는 즐거운 여행

정답을 구하는 것이 목적이 아니라
생각하는 과정 자체가 목적이 되는 문제들로 구성하였습니다.

낯설지만 손이 가는 문제

어려워 보이지만 풀 수 있을 것 같은,
도전하고 싶은 마음이 생깁니다.

4-2. 모양을 겹쳐서 도형 만들기

1 겹쳐진 부분을 찾아 색칠하고 색칠한 도형의 개수를 각각 쓰시오.

삼각형	개
사각형	개
오각형	개
육각형	개

2 크기와 모양이 같은 삼각형 2개를 겹쳤을 때 겹쳐진 부분의 모양이 오각형과 육각형이 되도록 그리시오.

오각형   육각형

 땀이 뻘뻘

첫 번째 문제와 비슷해 보이지만 막상 풀려면
수학적 개념을 세우느라 머리에 땀이 납니다.

뇌가 번쩍

앞의 문제를 자신만의 방법으로 풀면서 뒤죽박죽 생각했던 것들이
명쾌한 수학개념으로 정리됩니다. 이제 똑똑해지는 기분이 듭니다.

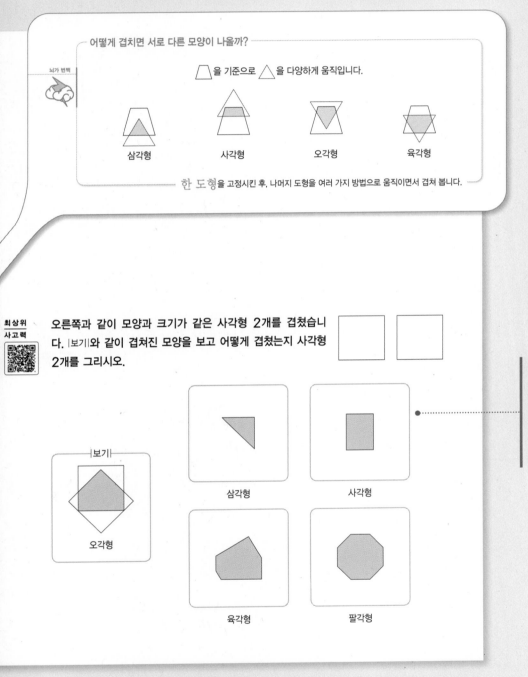

최상위 사고력 문제

뇌가 번쩍을 통해 알게된 개념을
다양한 관점에서
이해하고 해석해 봄으로써
한 단계 더 깊게 생각하는
힘을 기릅니다.

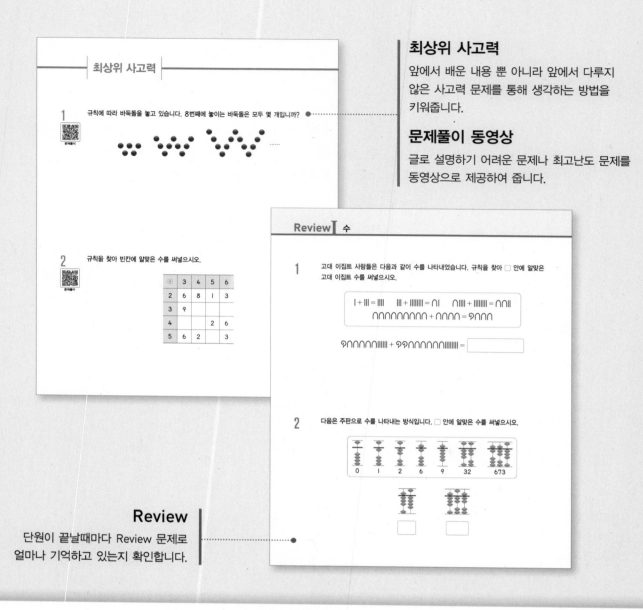

최상위 사고력

앞에서 배운 내용 뿐 아니라 앞에서 다루지 않은 사고력 문제를 통해 생각하는 방법을 키워줍니다.

문제풀이 동영상

글로 설명하기 어려운 문제나 최고난도 문제를 동영상으로 제공하여 줍니다.

Review

단원이 끝날때마다 Review 문제로 얼마나 기억하고 있는지 확인합니다.

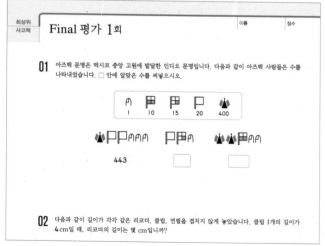

Final 평가

이 책에서 다룬 사고력 문제를 시험지 형식으로 풀어보며 실전 감각을 키웁니다.

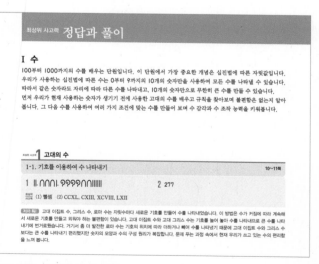

친절한 정답과 풀이

단원 배경 설명, 저자 톡!을 통해 문제를 선정하고 배치한 이유를 알려줍니다. 문제마다 좀 더 보기 쉽고, 이해하기 쉽게 설명하려고 하였습니다.

contents

수

I

1-1. 각 자리 숫자와 자릿수

1 주어진 수를 빈칸에 모두 써넣으시오. (단, 빈칸에는 숫자 1개만 쓸 수 있습니다.)

두 자리 수: 27, 34
세 자리 수: 325, 326, 402, 453, 536, 646
네 자리 수: 3069, 4070, 4630, 6715

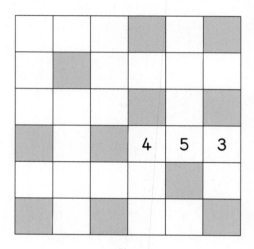

5472와 4106에서 숫자 4가 나타내는 수는?

뇌가 번쩍

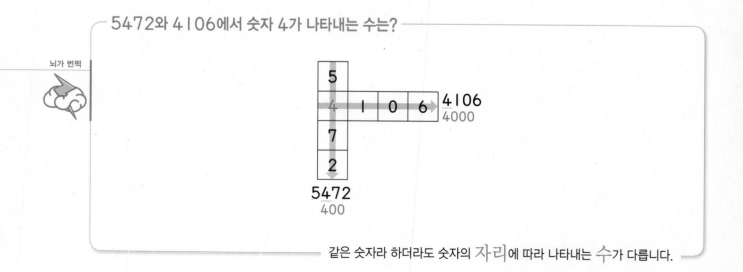

같은 숫자라 하더라도 숫자의 자리에 따라 나타내는 수가 다릅니다.

다음 |규칙|에 따라 민수와 진희가 네 자리 수 맞히기 게임을 합니다. 물음에 답하시오.

┤규칙├

정답과 풀이 10쪽 ▶

S 생각한 수의 숫자와 자리가 같음
B 생각한 수의 숫자는 같지만 자리가 다름
O 같은 숫자가 없음

예 민수가 생각한 수: 3427
진희가 부른 수: 3027 ➡ SSS
5412 ➡ SB
7423 ➡ SSBB
6801 ➡ O

(1) 민수가 수를 생각하고 진희가 수를 불러 맞힙니다. 진희가 부른 수를 S 또는 B로 나타내려고 합니다. ☐ 안에 알맞게 써넣으시오.

민수가 생각한 수: 5294

진희가 부른 수: 6234 ➡ ☐

5329 ➡ ☐

(2) 진희가 수를 생각하고 민수가 수를 불러 맞힙니다. 민수가 부른 수를 보고 진희가 생각한 수를 구하려고 합니다. ☐ 안에 알맞은 수를 써넣으시오.

진희가 생각한 수: ☐

민수가 부른 수: 8205 ➡ BBB

2657 ➡ SSB

1486 ➡ O

6743 ➡ S

1-2. 수 만들기

1 수 카드 `1`, `3`, `7`, `0` 을 한 번씩 사용하여 네 자리 수를 만들려고 합니다.
☐ 안에 알맞은 수를 써넣으시오.

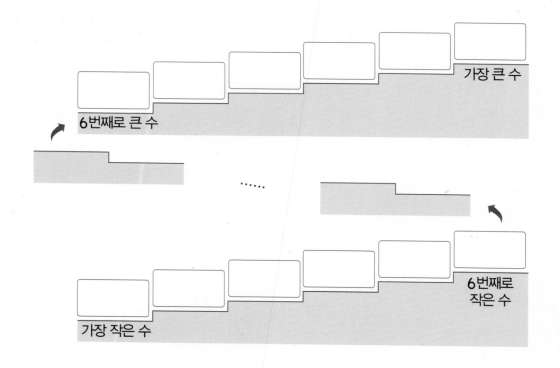

6번째로 큰 수

가장 큰 수

가장 작은 수

6번째로
작은 수

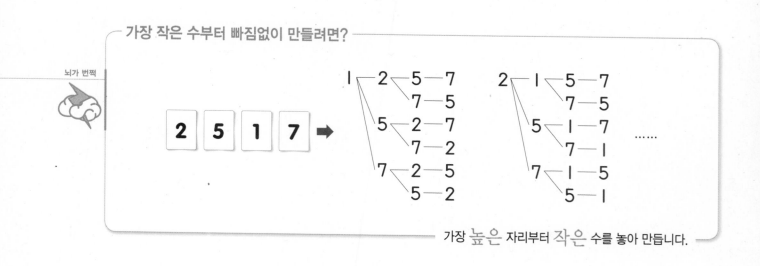

가장 작은 수부터 빠짐없이 만들려면?

가장 높은 자리부터 작은 수를 놓아 만듭니다.

수 카드 4장을 한 번씩 사용하여 네 자리 수를 만들려고 합니다. 만들 수 있는 수 중에서 6500보다 크고 8500보다 작은 수는 모두 몇 개인지 구하시오.

정답과 풀이 11쪽 ▶

| 5 | 6 | 7 | 8 |

다음은 숫자 4 또는 5로만 이루어진 수를 작은 수부터 차례로 나열한 것입니다. 이 중 네 자리 수는 모두 몇 개인지 구하시오.

4, 5, 44, 45, 54, 55, 444, 445 ……

1-3. 모르는 수 찾기

1 70씩 뛰어서 센 것입니다. 빈칸에 알맞은 숫자를 써넣으시오.

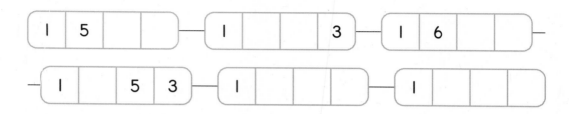

 2 몇씩 뛰어서 센 수를 카드에 적어 놓았습니다. 뒤집힌 카드에 알맞은 수를 작은 수부터 차례로 쓰시오.

몇씩 뛰어서 센 수 중에서 모르는 수는 어떻게 구할까?

뇌가 번쩍

2730

2770

2650

2610

?

① 크기 순서로 수 나열하기

2610 2650 2730 2770

② 몇씩 뛰어서 세었는지 구하기

2610 2650 2730 2770
　　　40　　80　　40

③ ? 에 알맞은 수 구하기

2610 2650 2690 2730 2770
　　　40　　40　　40　　40

크기 순서로 나열한 후, 각 수들의 뛰어서 센 수를 구합니다.

**최상위
사고력**

일주일 동안 성진, 하은, 민혁, 수연이는 각각 6000원보다 많은 금액을 저금하였습니다. 같은 기호는 같은 숫자를, 다른 기호는 다른 숫자를 나타낼 때 민혁이가 일주일 동안 저금한 금액을 구하시오.

이름	성진	하은	민혁	수연
일주일 동안 저금한 금액	BABD	CBBD	BDAC	CBAC
일주일 동안 많이 저금한 순위	2등	4등	1등	3등

1 | 경시대회 기출 |
373에서 숫자 1개를 지워 서로 다른 수를 만든 것입니다. 2455에서 숫자 1개를 지워 만들 수 있는 서로 다른 수를 모두 구하시오.

$$3\!\!\!/73 \Rightarrow 73 \quad 3\!\!\!/7\!\!\!/3 \Rightarrow 33 \quad 37\!\!\!/3 \Rightarrow 37$$

2 수 카드 4장을 한 번씩 사용하여 네 자리 수를 만들려고 합니다. 만들 수 있는 수들을 작은 수부터 차례로 쓸 때 5306은 몇 번째 수입니까?

| 6 | 0 | 3 | 5 |

3

문제풀이

다음 |규칙|을 보고 물음에 답하시오.

┤규칙├

① 높은 자리부터 이웃한 자리의 숫자의 합을 각각 구합니다.
② 구한 값을 차례로 써서 새로운 수로 나타냅니다.
③ 한 자리 수가 될 때까지 ①, ②를 반복합니다.

예 $4323 \longrightarrow 755 \longrightarrow 1210 \longrightarrow 331 \longrightarrow 64 \longrightarrow 10 \longrightarrow 1$

$4+3=7$ $7+5=12$ $1+2=3$ $3+3=6$ $6+4=10$ $1+0=1$
$3+2=5$ $5+5=10$ $2+1=3$ $3+1=4$
$2+3=5$ $\qquad$ $1+0=1$

(1) 1203을 |규칙|에 따라 구하시오.

(2) ㉠을 |규칙|에 따라 구하였더니 다음과 같았습니다. ㉠에 알맞은 수를 모두 구하시오.
    (단, ㉠, ㉡은 세 자리 수입니다.)

$$㉠ \longrightarrow ㉡ \longrightarrow 15 \longrightarrow 6$$

정답과 풀이 13쪽 ▶

2-1. 조건을 만족하는 수

1 가로, 세로 열쇠를 보고 빈칸에 알맞은 수를 써넣으시오.

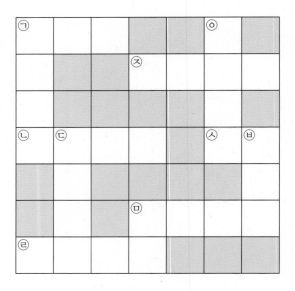

가로 열쇠

㉠ 백의 자리에서 일의 자리로 갈수록 **3**씩 커지는 수입니다.

㉡ 앞으로 읽으나 뒤로 읽으나 같은 수입니다.

㉣ 백의 자리 숫자와 일의 자리 숫자의 합은 천의 자리 숫자와 십의 자리 숫자의 합과 같습니다.

㉤ 천의 자리 숫자와 일의 자리 숫자는 백의 자리 숫자의 **3**배이고, 백의 자리 숫자는 십의 자리 숫자의 **3**배입니다.

㉦ **1**부터 **100**까지의 수 중에서 숫자 **5**가 들어 있는 수의 개수입니다.

㉧ 천의 자리에서 일의 자리로 갈수록 **2**씩 작아지는 수입니다.

세로 열쇠

㉠ 네 자리 수 중 **10**번째로 작은 수입니다.

㉢ **9000**보다 **10** 작은 수입니다.

㉤ 각 자리 숫자의 합이 **10**인 홀수입니다. ┌─ 일의 자리 숫자가 **1. 3. 5. 7. 9**인 수

㉥ 각 자리 숫자가 모두 같습니다.

㉦ 천의 자리에서 일의 자리로 갈수록 **1**씩 작아지는 수입니다.

조건을 만족하는 수를 어떻게 구할까?

조건1 각 자리 숫자의 합이 **6**입니다.

조건2 **2000**보다 작은 네 자리 수입니다.

조건3 앞으로 읽으나 뒤로 읽으나 같은 수입니다.

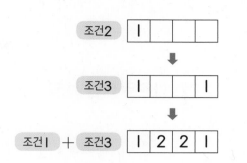

수의 범위를 **좁힐** 수 있는 조건부터 이용합니다.

최상위
사고력
A

다음 |조건|을 만족하는 수를 구하시오.

┌─────|조건|─────┐
• 각 자리 숫자의 합이 **26**인 네 자리 수입니다.
• 백의 자리 숫자와 십의 자리 숫자의 차는 **3**입니다.
• 천의 자리에서 일의 자리로 갈수록 숫자가 커집니다.
└──────────────┘

최상위
사고력
B

민우의 컴퓨터 비밀번호는 각 자리 숫자가 5보다 작은 네 자리 짝수입니다. 비밀번호의 각 자리 숫자가 모두 다르고, 백의 자리 숫자와 십의 자리 숫자의 합이 4일 때, 비밀번호로 가능한 수는 모두 몇 개입니까?

정답과 풀이 14쪽 ▶

2-2. 오름수, 내림수, 대칭수

오름수: 각 자리 숫자가 오른쪽으로 갈수록 점점 커지는 수
내림수: 각 자리 숫자가 오른쪽으로 갈수록 점점 작아지는 수
대칭수: 똑바로 읽거나 거꾸로 읽어도 같은 수

1 다음은 어떤 특징이 있는 수들을 모아 놓은 것입니다. 물음에 답하시오.

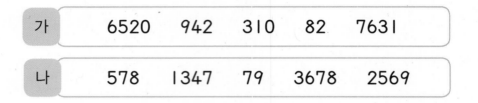

| 가 | 6520 | 942 | 310 | 82 | 7631 |
| 나 | 578 | 1347 | 79 | 3678 | 2569 |

(1) 가에 포함되는 수는 '가'를, 나에 포함되는 수는 '나'를 써넣으시오.

819   279   64   9845   7321   399   2568
(   ) (   ) (   ) (   ) (   ) (   ) (   )

(2) 가에 포함될 수 있는 네 자리 수 중에서 가장 큰 수와 가장 작은 수를 차례로 쓰시오.

(3) 수 카드 5장을 한 번씩 사용하여 네 자리 수를 만들려고 합니다. 만들 수 있는 수 중에서 나에 포함될 수 있는 수는 모두 몇 개입니까?

1   3   8   6   5

주어진 수에는 어떤 공통점이 있을까?

| 1267 | 2478 | 3689 | 4578 | ➡ | 각 자리 숫자가 오른쪽으로 갈수록 점점 커집니다. |

| 9742 | 8421 | 7641 | 6420 | ➡ | 각 자리 숫자가 오른쪽으로 갈수록 점점 작아집니다. |

| 1221 | 2442 | 3003 | 4554 | ➡ | 똑바로 읽거나 거꾸로 읽어도 같은 수입니다. |

주어진 수의 공통된 특징을 찾아봅니다.

최상위
사고력
A

33, 202, 4774와 같이 똑바로 읽거나 거꾸로 읽어도 같은 수를 '대칭수'라고 합니다.
600부터 3000까지의 수 중에서 대칭수는 모두 몇 개입니까?

최상위
사고력
B

12, 279, 5689와 같이 각 자리 숫자가 오른쪽으로 갈수록 점점 커지는 수를 '오름수'
라고 합니다. 네 자리 수 중에서 30번째 작은 오름수를 구하시오.

정답과 풀이 15쪽 ▶

2-3. 수와 숫자의 개수

1 정우네 교실의 40개 사물함이 모두 닫혀 있습니다. 정우와 민경이가 다음과 같은 |방법|으로 사물함을 열고 닫는 놀이를 했다면 열려 있는 사물함은 모두 몇 개입니까?

① 정우가 **1**번, **3**번, **5**번, **7**번 …… 차례로 사물함 문을 엽니다.
② 그 다음 민경이는 사물함 번호에 숫자 **3**이 들어 있는 사물함 중에서 열린 문은 모두 닫고, 닫힌 문은 모두 엽니다.

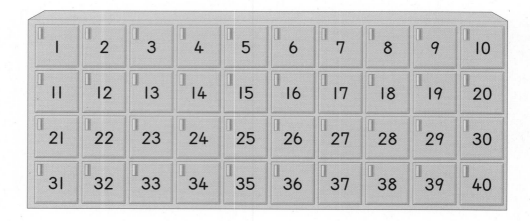

1	2	3	4	5	6	7	8	9	10
11	12	13	14	15	16	17	18	19	20
21	22	23	24	25	26	27	28	29	30
31	32	33	34	35	36	37	38	39	40

2 1부터 200까지의 수 중에서 숫자 8이 들어 있는 수는 모두 몇 개입니까?

TIP '수'는 많고 적음을 비교하거나 잴 수 있는 크기의 양, 범위, 순서 등을 말하고, '숫자'는 수를 표시하기 위한 기호를 말합니다.

0부터 99까지의 수 중에서 수와 숫자의 개수를 쉽게 구할 수 없을까?

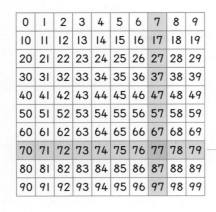

┌ 숫자 7의 개수: 20개
└ 숫자 7이 들어 있는 수의 개수: 19개

───── 수 배열표를 그려 특정한 숫자가 들어 있는 수를 색칠하여 생각합니다.

최상위
사고력

1부터 500까지의 수를 쓰려고 합니다. 물음에 답하시오.

(1) 숫자 6은 모두 몇 번 쓰나까?

(2) 숫자 0은 모두 몇 번 쓰나까?

1

네 자리 수 2018을 두 자리씩 2개의 수로 나누어 구한 차는 20－18＝2입니다.
2018보다 작은 네 자리 수 중에서 두 자리씩 2개의 수로 나누어 앞의 수에서 뒤에
수를 뺀 값이 2인 수는 모두 몇 개입니까?

TIP 4105와 같이 십의 자리 숫자가 0인 수는 41－5＝36입니다.

| 경시대회 기출 |

2

1부터 7까지의 숫자가 적힌 4개의 고리로 네 자리 수 비밀번호를 만들 수 있는 자물
쇠가 있습니다. 다음 |조건|을 보고 비밀번호로 가능한 수는 모두 몇 개인지 구하시오.

┌─────────────── |조건| ───────────────┐
• 2000보다 큰 수입니다.
• 천의 자리 숫자< 백의 자리 숫자< 십의 자리 숫자< 일의 자리 숫자
└─────────────────────────────────────┘

💡 자물쇠에 숫자가 7까지만 있습니다.

3 지수는 저금통에 10원짜리, 50원짜리, 100원짜리, 500원짜리 동전을 모두 합하여 13개를 넣었습니다. |조건|에 맞는 저금통 속 금액 중에서 가장 큰 금액은 얼마인지 구하시오. (단, 네 종류의 동전을 모두 넣었습니다.)

---|조건|---

· 100원짜리 동전은 50원짜리 동전보다 많습니다.
· 50원짜리 동전은 500원짜리 동전보다 많습니다.
· 500원짜리 동전은 10원짜리 동전보다 많습니다.

---

4 공책에 숫자 0, 2, 7로만 수를 만들어 0부터 2000까지 썼습니다. 공책에 쓴 수는 모두 몇 개입니까? (단, 같은 숫자를 여러 번 사용해도 됩니다.)

정답과 풀이 17쪽 ▶

1 수 카드 4장을 흩트려 놓았습니다. 수의 일부분이 보이지 않는 카드가 2번째로 작은 수라고 할 때 이 수 카드가 될 수 있는 것을 고르시오.

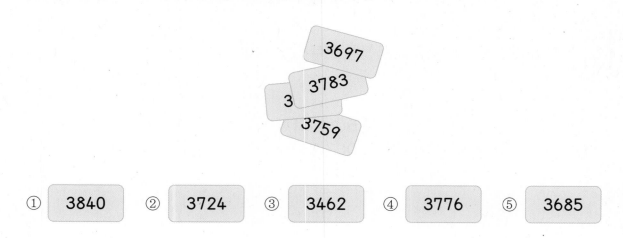

① 3840 ② 3724 ③ 3462 ④ 3776 ⑤ 3685

2 수 카드 4장을 한 번씩 사용하여 만들 수 있는 네 자리 수 중에서 3번째로 큰 수와 3번째로 작은 수를 차례로 구하시오.

7 5 0 7

3 일의 자리 숫자와 백의 자리 숫자가 모두 7인 네 자리 수 중에서 2078보다 크고 3742보다 작은 수는 모두 몇 개입니까?

4 |조건|을 만족하는 네 자리 수를 모두 구하시오.

> |조건|
> • 각 자리 숫자가 모두 다릅니다.
> • 백의 자리 숫자가 가장 크고, 십의 자리 숫자가 가장 작습니다.
> • 각 자리 숫자의 합이 8입니다.

정답과 풀이 18쪽 ▶

5 규칙에 따라 성훈이와 윤서가 네 자리 수 맞히기 게임을 합니다. 성훈이가 수를 생각하고 윤서가 수를 불러 맞힙니다. 성훈이가 생각한 수를 구하시오.

┌─ 규칙 ─┐

S 생각한 수의 숫자와 자리가 같음

B 생각한 수의 숫자는 같지만 자리가 다름

	1회	2회	3회	4회
윤서가 부른 수	1234	9712	9713	6475
결과	BBB	SSS	SS	S

6 1쪽부터 300쪽까지 있는 책이 있습니다. 이 책의 쪽수에는 숫자 0이 모두 몇 번 나옵니까?

정답과 풀이 18쪽 ▶

연산

3-1. 곱셈식 만들기

1 가로 또는 세로로 수를 묶고 ×와 =를 써넣어 곱셈식을 4개씩 만드시오.

(1)

5	2	1	5	3
8	9	2	8	2
8	7	7	4	9
6	6	2	0	1
4	8	3	2	7

(2)

4	8	3	6	9
6	7	4	2	3
5	5	3	1	2
3	2	3	5	7
5	8	9	7	2

땀이 뻘뻘

2 주어진 수 카드를 한 번씩 모두 사용하여 곱셈식 4개를 만들려고 합니다. ☐ 안에 알맞은 수를 써넣으시오.

| 1 | 2 | 3 | 4 | 5 | 6 | 8 | 9 |

☐ × ☐ = 8

☐ × ☐ = 18

☐ × ☐ = 15

☐ × ☐ = 24

□ 안에 서로 다른 한 자리 수를 써넣어 곱셈식을 만들 때 어떤 순서로 풀어야 할까?

① $\boxed{} \times \boxed{} = 8$

② $\boxed{} \times \boxed{} = 14$ ➡ ② $\boxed{2} \times \boxed{7} = 14$

③ $\boxed{} \times \boxed{} = 18$

서로 다른 한 자리 수를 곱하여 14가
되는 경우는 2와 7을 곱할 때 뿐이므로
②부터 풉니다.

곱셈 방법이 적은 것부터 풉니다.

□□ 안의 수는 선으로 이어진 ○ 안의 두 수의 곱입니다. ○와 □ 안에 알맞은 수를 써넣으시오. (단, ○와 □ 안의 수는 한 자리 수입니다.)

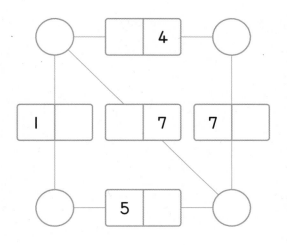

3-2. 타일 나누기

1 |규칙|에 맞게 선을 그어 타일을 나누시오.

|규칙|

① 타일의 수가 주어진 수만큼 되도록 나누어야 합니다.
② 나누어진 부분은 사각형입니다.
③ 각 부분 안에 수가 1개만 있도록 나누어야 합니다.

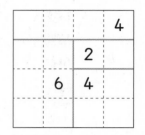

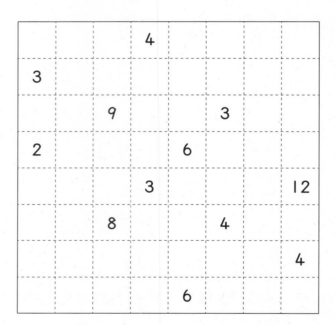

타일 6개로 만들 수 있는 사각형은 몇 가지일까?

뇌가 번쩍

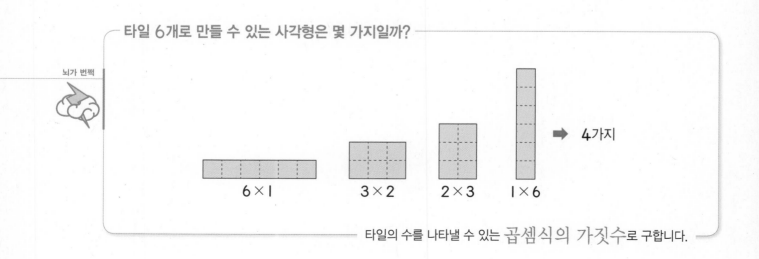

6×1   3×2   2×3   1×6   ➡ 4가지

타일의 수를 나타낼 수 있는 **곱셈식**의 **가짓수**로 구합니다.

사각형의 땅 위에 네 변의 길이가 모두 같은 타일을 빈틈없이 깔았습니다. 주어진 수는 작은 사각형의 땅 위에 깔려 있는 타일의 수일 때, 전체 사각형의 땅 위에 깔려 있는 타일은 모두 몇 개인지 구하시오.

(1)

6	16
9	

(2)

		9
10	20	
12		18

정답과 풀이 21쪽 ▶

3-3. 곱셈 퍼즐

1 선 위의 수는 선으로 이어진 ◯ 안의 두 수의 곱입니다. 빈 곳에 알맞은 수를 써넣으시오.

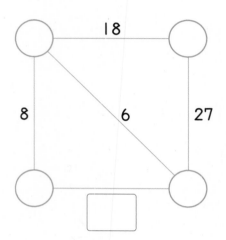

2 □ 안의 수는 같은 색 선으로 이어진 두 수의 곱을 나타냅니다. □ 안에 알맞은 수를 써넣으시오.

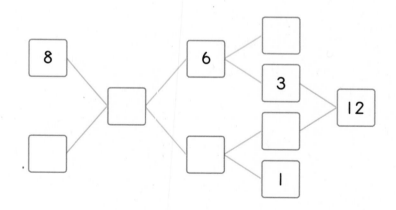

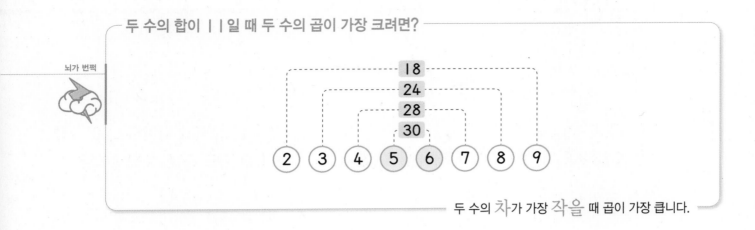

두 수의 합이 11일 때 두 수의 곱이 가장 크려면?

두 수의 차가 가장 작을 때 곱이 가장 큽니다.

최상위 사고력

이웃한 두 수의 곱이 주어진 수보다 작도록 만드는 곱셈 퍼즐입니다. 물음에 답하시오.

(1) ▨ 안의 수를 한 번씩 사용하여 이웃한 두 수의 곱이 30보다 작도록 빈 곳에 알맞은 수를 써넣으시오.

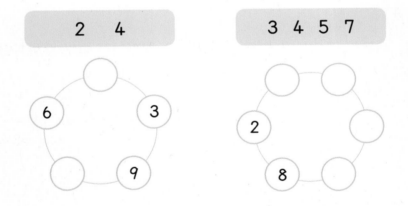

(2) 1부터 9까지의 수를 한 번씩 사용하여 이웃한 두 수의 곱이 40보다 작도록 빈 곳에 알맞은 수를 써넣으시오.

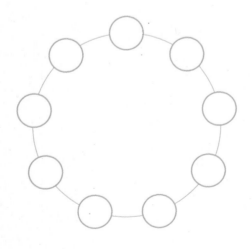

정답과 풀이 23쪽 ▶

| 경시대회 기출 |

1 7장의 수 카드를 포개어 놓았습니다. 그중에서 한 장만 다른 수이고 나머지는 모두 같은 수입니다. 이 수들을 모두 더하면 54가 될 때, 7장의 수 카드 중 6 이외에 다른 수가 될 수 있는 수를 모두 구하시오.

2 가로, 세로의 곱셈식이 모두 성립하도록 빈칸에 1부터 9까지의 서로 다른 수를 써넣으시오.

문제풀이

	×		×		=	48
×			×			
	×		×		=	28
×		×		×		
‖		‖		‖		
15		63		48		

3

|규칙|에 맞게 선을 그어 타일을 나누시오.

> |규칙|
> ① 타일의 수가 주어진 수만큼 되도록 나누어야 합니다.
> ② 나누어진 부분은 사각형입니다.
> ③ 각 부분 안에 수가 l개만 있도록 나누어야 합니다.

정답과 풀이 24쪽 ▶

4-1. 곱셈구구표 완성하기

곱셈구구를 표로 나타낸 것으로 가로줄과 세로줄에
있는 두 수의 곱을 두 줄이 만나는 칸에 써넣은 표

1 곱셈구구표의 일부분을 가위로 잘라 놓은 것입니다. 잘린 곱셈구구표의 일부분을 보고 빈칸에 알맞은 수를 써넣으시오.

×	1	2	3	4	5	6
1	1	2	3	4	5	6
2	2	4	6	8	10	12
3	3	6	9	12	15	18
4	4	8	12	16	20	24
5	5	10	15	20	25	30

(1)

```
┌────┐
│ 12 │
├────┤
│    │
├────┤
│    │
├────┤
│ 21 │
├────┼────┬────┬────┐
│    │ 32 │    │    │
└────┴────┴────┴────┘
```

(2)

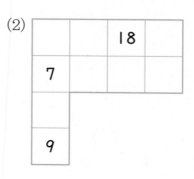

(3)

```
          ┌────┐
          │ 24 │
     ┌────┼────┘
     │ 28 │
┌────┼────┘
│    │
├────┤
│ 36 │
└────┘
```

(4)

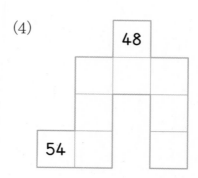

곱셈표를 쉽게 완성하는 방법은?

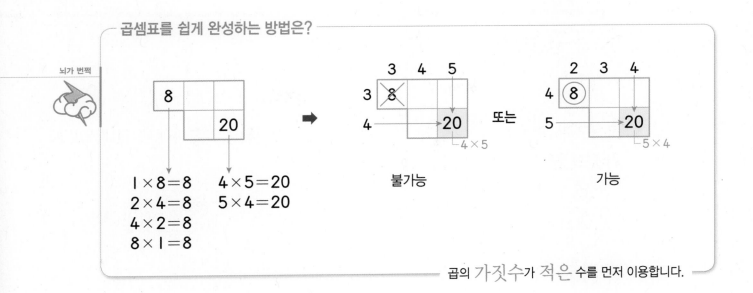

곱의 **가짓수**가 **적은** 수를 먼저 이용합니다.

최상위 사고력 곱셈구구표의 일부분을 보고 ㉠, ㉡, ㉢, ㉣에 알맞은 수를 구하려고 합니다. ☐ 안에 알맞은 수를 써넣으시오.

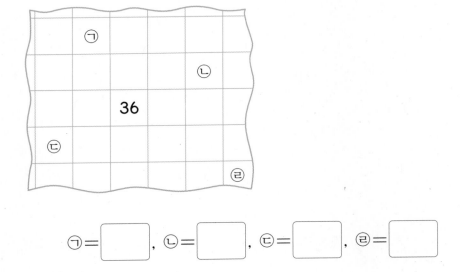

㉠=☐, ㉡=☐, ㉢=☐, ㉣=☐

정답과 풀이 26쪽 ▶

4-2. 곱셈구구표에 나오는 수의 개수

1 곱셈구구표에서 다음 수가 각각 몇 번씩 나오는지 구하려고 합니다. 빈칸에 알맞게 써넣으시오.

수	곱셈식	나오는 횟수(번)
4	$1×4, 2×2, 4×1$	3
6		
15		
24		
49		

2 곱셈구구표에서 한 번만 나오는 수를 모두 찾아 쓰시오.

곱셈구구표를 점선을 따라 접었을 때 만나는 수는 왜 서로 같을까?

×	1	2	3	4	5
1	1	2	3	4	5
2	2	4	6	8	10
3	3	6	9	12	15
4	4	8	12	16	20
5	5	10	15	20	25

➡

〈곱셈의 교환법칙〉

$$\begin{bmatrix} 2 \times 1 = 2 \\ 1 \times 2 = 2 \end{bmatrix} \begin{bmatrix} 3 \times 1 = 3 \\ 1 \times 3 = 3 \end{bmatrix} \begin{bmatrix} 3 \times 2 = 6 \\ 2 \times 3 = 6 \end{bmatrix} \cdots\cdots$$

두 수의 순서를 바꾸어 곱해도 결과가 같기 때문입니다.

최상위 사고력

곱셈구구표에서 알맞은 수를 모두 찾아 쓰려고 합니다. 물음에 답하시오.

(1) 가장 많이 나오는 수를 모두 찾아 쓰시오.

(2) 홀수 번 나오는 수를 모두 찾아 쓰시오.

정답과 풀이 27쪽 ▶

4-3. 각 단의 일의 자리 숫자의 규칙

1 곱셈구구표의 각 단에 나오는 수의 일의 자리 숫자는 일정한 개수만큼 나옵니다. 2단에서 일의 자리 숫자는 0, 2, 4, 6, 8로 다섯 개의 숫자가 나옵니다. 빈 곳에 알맞은 단을 써넣으시오.

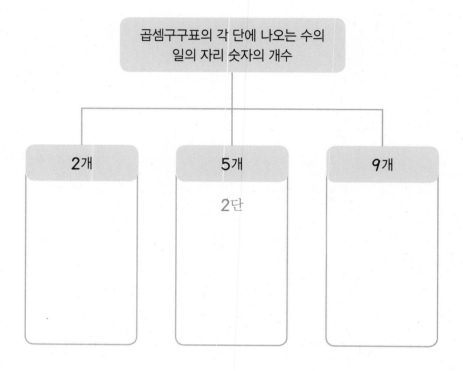

2 곱셈구구표에 나오는 수 중에서 |조건|에 맞는 수를 모두 구하시오.

땀이 뻘뻘

|조건|

- 일의 자리 숫자가 1부터 9까지 모두 나오는 단의 수입니다.
- 각 자리 숫자의 합이 9입니다.
- 짝수입니다.
  └─── 일의 자리 숫자가 0, 2, 4, 6, 8인 수

곱셈구구의 각 단에 나오는 일의 자리 숫자의 개수의 종류는 몇 가지일까?

정답과 풀이 28쪽 ▶

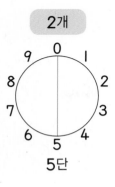

2개

5단

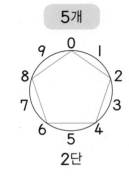

5개

2단

9개

3단

곱셈구구의 일의 자리 숫자를 선으로 이어 보면 3가지뿐입니다.

최상위 사고력

다음 계산식을 곱셈식으로 바꾸고, 계산 결과의 일의 자리 숫자를 구하시오.

(1) $\underbrace{6+6+\cdots\cdots+6+6}_{23개}$

(2) $6 \times 12 + 6 \times 15 + 48$

1 주어진 수를 그림의 빈 곳에 알맞게 써넣으시오.

문제풀이

(1)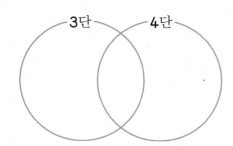

8, 16, 12, 6, 9, 24

3단   4단

(2)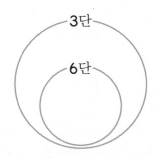

12, 9, 24, 15, 3, 18

3단

6단

2 다음은 곱셈표를 수의 순서에 상관없이 쓴 것입니다. 색칠된 칸에 1부터 9까지의 수 중 알맞은 수를 써넣어 곱셈표를 완성하시오.

문제풀이

×				
		24	12	
			6	
			21	
	45			72

3 곱셈구구표에서 다음 수가 몇 번씩 나오는지 구하려고 합니다. 물음에 답하시오.

(1) 0은 모두 몇 번 나옵니까?

(2) 십의 자리 숫자가 1인 수는 모두 몇 번 나옵니까?

| 경시대회 기출 |

4 □ 안에 1부터 9까지의 수 중 서로 다른 수를 써넣어 만들 수 있는 곱셈식은 모두 몇 가지입니까? (단, 2 × 7과 7 × 2는 다른 것으로 봅니다.)

문제풀이

$$\boxed{} \times \boxed{} = \boxed{}\,\boxed{}$$

5-1. 경우의 수 구하기

1 집에서 병원을 거쳐 학교까지 가는 길은 모두 몇 가지인지 구하시오.

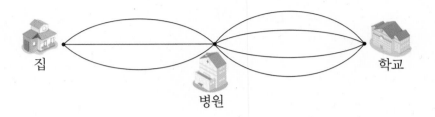

2 백원짜리 동전 3개를 던졌을 때 나올 수 있는 경우는 모두 몇 가지인지 구하시오. (단, 다음 2가지 경우는 다른 경우입니다.)

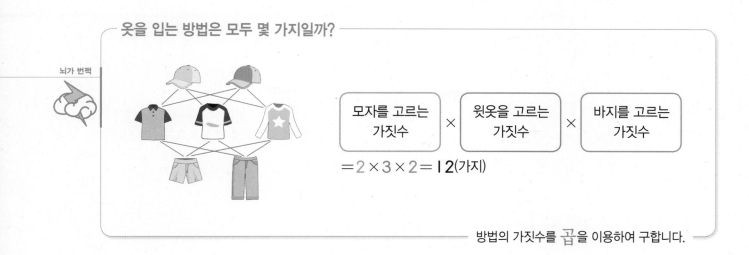

옷을 입는 방법은 모두 몇 가지일까?

뇌가 번쩍

| 모자를 고르는 가짓수 | × | 윗옷을 고르는 가짓수 | × | 바지를 고르는 가짓수 |

$= 2 \times 3 \times 2 = 12$(가지)

방법의 가짓수를 **곱**을 이용하여 구합니다.

최상위 사고력

지우가 피자 가게에 가서 음식을 주문하려고 합니다. 피자는 새우 피자를 고르고, 음료수는 탄산음료를 제외한 것 중에서 고르려고 합니다. 지우가 피자, 추가 음식, 음료수를 한 가지씩 주문하는 방법은 모두 몇 가지입니까?

메뉴판			
피자	피자 크기	추가 음식	음료수
감자 피자 불고기 피자 새우 피자 파인애플 피자	큰 것 작은 것	감자튀김 닭튀김 샐러드	우유 주스 탄산음료

정답과 풀이 30쪽 ▶

5-2. 만들 수 있는 수의 개수 구하기

1 주어진 수 카드를 한 번씩 사용하여 두 자리 수를 만들려고 합니다. 가장 많은 수를 만들 수 있는 사람부터 이름을 쓰시오.

수영	진희	미라	지연
7 8 9	9 2 0 4 5	1 2 7 8	8 6 6 3

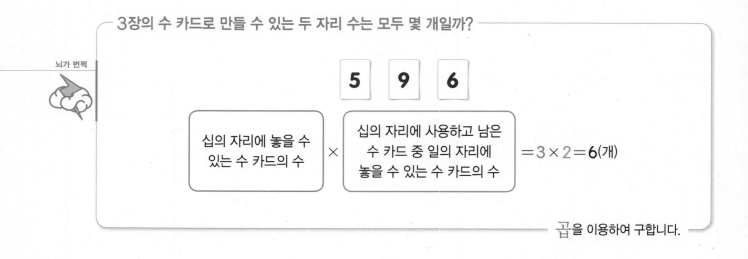

4장의 수 카드를 한 번씩 사용하여 만들 수 있는 세 자리 수는 모두 몇 개입니까?

| 4 | 0 | 1 | 9 |

I I, 202, 575……와 같이 앞으로 읽거나 거꾸로 읽어도 같은 수가 되는 수를 '대칭수'라고 합니다. 0에서 9까지의 수 카드가 2장씩 있을 때 수 카드를 한 번씩 사용하여 만들 수 있는 세 자리 대칭수는 모두 몇 개입니까?

💡 수 카드가 2장씩 있으므로 I I I, 222 …… 등과 같은 대칭수는 만들 수 없습니다.

        정답과 풀이 31쪽 ▶

5-3. 복잡한 덧셈하기

1 표 안에 있는 수의 합을 곱셈을 이용하여 구하려고 합니다. □ 안에 알맞은 수를 써넣으시오.

1	4	4	1	2
2	1	2	4	4
1	2	4	1	2
2	1	4	2	4
4	1	2	1	7

$$7 \times \boxed{} = \boxed{}$$

2 어느 해 7월 달력에서 색칠한 칸에 있는 날짜의 합을 곱셈을 이용하여 구하려고 합니다. □ 안에 알맞은 수를 써넣으시오.

일	월	화	수	목	금	토
	1	2	3	4	5	6
7	8	9	10	11	12	13
14	15	16	17	18	19	20
21	22	23	24	25	26	27
28	29	30	31			

$$\boxed{} \times \boxed{} = \boxed{}$$

복잡한 덧셈을 쉽게 할 수 없을까?

$$1 + 2 + 3 + 4 + 5 + 6 + 7 + 8 = 9 \times 4$$

일정한 규칙이 만들어지도록 묶어서 더합니다.

최상위 사고력

다음은 일정한 규칙으로 수를 나열한 것입니다. 물음에 답하시오.

> 가. 1, 1, 2, 3, 1, 1, 2, 3, 1, 1, 2 ……
> 나. 5, 5, 4, 3, 5, 5, 4, 3, 5, 5, 4 ……
> 다. 90, 87, 84, 81, 78, 75 ……
> 라. 61, 64, 67, 70, 73, 76 ……

(1) 가에서 **20**번째 수까지의 합은 얼마입니까?

(2) 가에서 **9**번째 수까지의 합과 나에서 **9**번째 수까지의 합을 더하면 얼마입니까?

(3) 다에서 **8**번째 수까지의 합과 라에서 **8**번째 수까지의 합의 차는 얼마입니까?

정답과 풀이 32쪽 ▶

1 빈칸에 들어가는 수의 합을 곱셈을 이용하여 구하려고 합니다. ☐ 안에 알맞은 수를 써 넣으시오.

×	3	5	1
2			
3			
4			

☐ × ☐ = ☐

2 지우는 경미네 집에 놀러 가려고 합니다. 지우네 집과 경미네 집 사이에는 4개의 버스 노선과 3개의 지하철 노선이 있습니다. 갈 때는 버스를 타고 올 때는 지하철을 탄다고 할 때 대중교통을 이용하는 방법은 모두 몇 가지입니까?

3

|보기|와 같이 주사위 2개를 던져 나온 눈의 수로 합과 곱을 만들 때 만들 수 있는 수는 모두 몇 개입니까? (단, 주사위 눈의 수는 I부터 6까지의 수입니다.)

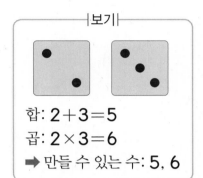

합: $2+3=5$
곱: $2\times3=6$
➡ 만들 수 있는 수: 5, 6

4

|조건|에 맞는 네 자리 수는 모두 몇 개입니까?

|조건|

• ㉠은 천의 자리 숫자, ㉡은 백의 자리 숫자, ㉢은 십의 자리 숫자, ㉣은 일의 자리 숫자입니다.
• ㉠, ㉡, ㉢, ㉣은 서로 다른 숫자입니다.
• ㉢은 ㉠$\times$3과 같습니다.
• ㉠, ㉡, ㉢, ㉣의 합은 I5입니다.

정답과 풀이 34쪽 ▶

6-1. 기호를 사용하여 나타내기

1 △ 안의 수는 선으로 이어진 ◯ 안의 두 수의 곱이고, □ 안의 수는 선으로 이어진 △ 안의 두 수의 합입니다. 빈 곳에 알맞은 수를 써넣으시오.

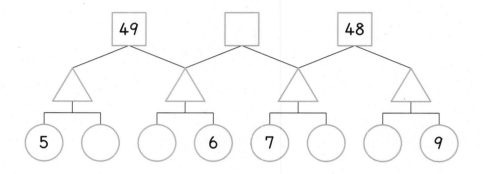

2 다음과 같이 기호 ◆를 약속할 때 □ 안에 들어갈 수 있는 한 자리 수를 모두 구해 기호 ◆를 사용한 식으로 나타내시오.

$$㉠ ◆ ㉡ = (㉡ - ㉠) × ㉡$$

$$\boxed{} ◆ \boxed{} = 24$$

덧셈, 뺄셈, 곱셈, (   )가 섞여 있는 식은 어떤 순서로 계산해야 할까?

$$7+2\times(3+1)-5=7+2\times4-5$$
$$=7+8-5$$
$$=15-5$$
$$=10$$

①
②
③
④

(   ) → 곱셈 → 덧셈, 뺄셈 순서로 계산합니다.

최상위 사고력

|보기|를 보고 규칙을 찾아 물음에 답하시오.

┌─────────────── |보기| ───────────────┐

○○ ➡ 3+3=6   ◎ ➡ 3×3=9

○◎ ➡ 3+3×3=12   ◎○○ ➡ (3+3)×3=18

└──────────────────────────────────────┘

(1) ☐ 안에 알맞은 수를 써넣으시오.

○○○○◎ ➡ ☐   ◎ ◎○○○ ➡ ☐

(2) **24**와 **30**을 ○를 가장 적게 사용하여 차례로 나타내시오.

6-2. 조건에 맞는 수 찾기

1 다음 대화를 보고 민수가 생각하는 수를 구하시오.

> 민수: 내가 세 자리 수 하나를 생각하고 설명해 볼테니까 맞혀 봐.
>
> 정호: 그래!
>
> 민수: 각 자리 숫자의 합은 12이고, 곱은 42야.
>
> 정호: 아직 잘 모르겠는데 힌트 하나만 더 줄래?
>
> 민수: 일의 자리 숫자가 십의 자리 숫자보다 크고, 십의 자리 숫자가 백의
>   자리 숫자보다 커.

땀이 뻘뻘

2 모양이 나타내는 수는 1부터 9까지 수 중 하나이고, 같은 모양은 같은 수, 다른 모양은 다른 수를 나타냅니다. ☐ 안에 알맞은 수를 써넣으시오.

$$● + ■ - ▲ = 4 \qquad ● - ■ - ▲ = 0 \qquad ● × ▲ × ■ = 48$$

$$● = \boxed{}, \quad ■ = \boxed{}, \quad ▲ = \boxed{}$$

조건에 맞는 수를 어떻게 구할까?

뇌가 번쩍

- ■, ●는 서로 다른 한 자리 수
- ■＋●＝10
- ■×●＝24

➡

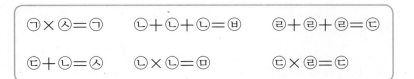

방법1　합이 10인 두 수에서 곱이 24인 두 수 찾기
(■, ●)＝(1, 9), (2, 8), (3, 7), (4, 6)

방법2　곱이 24인 두 수에서 합이 10인 수 찾기
(■, ●)＝(3, 8), (4, 6)

경우가 더 적게 나오는 조건부터 살펴봅니다.

최상위 사고력

0부터 9까지의 수 중에서 같은 기호는 같은 수를, 다른 기호는 다른 수를 나타냅니다. □ 안에 알맞은 수를 써넣으시오.

ㄱ×ㅅ=ㄱ　　ㄴ+ㄴ+ㄴ=ㅂ　　ㄹ+ㄹ+ㄹ=ㄷ

ㄷ+ㄴ=ㅅ　　ㄴ×ㄴ=ㅁ　　ㄷ×ㄹ=ㄷ

ㄱ=□, ㄴ=□, ㄷ=□, ㄹ=□,

ㅁ=□, ㅂ=□, ㅅ=□

6-3. 처음 수 구하기

땀이 뻘뻘

1 |보기|와 같이 주어진 수의 각 자리 숫자의 곱을 구하여 새로운 수를 만들어 나가는 방법으로 계속 수를 만들면 마지막에는 한 자리 수만 남게 됩니다.

┌─|보기|─┐
35 ➡ 15 ➡ 5 (연결의 길이: 2)
17 ➡ 7 (연결의 길이: 1)

(1) 위와 같은 규칙으로 표를 완성하시오.

수	과정	연결의 길이
76		
47		
246		

(2) 두 자리 수 중 마지막에 남는 수가 **8**이고, 연결의 길이가 **4**인 수를 구하시오.

뇌가 번쩍

처음 수를 어떻게 구할까?

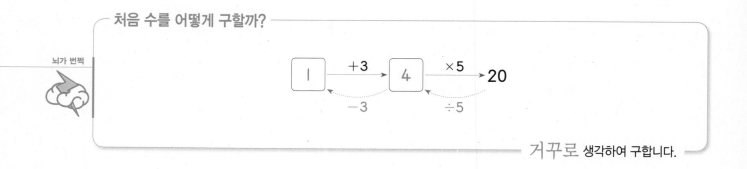

$$ \boxed{1} \xrightarrow{+3} \boxed{4} \xrightarrow{\times 5} 20 $$
$$ \underset{-3}{\longleftarrow} \quad \underset{\div 5}{\longleftarrow} $$

거꾸로 생각하여 구합니다.

어떤 수에 3을 곱한 후 5를 빼고 다시 10을 더하면 20이 된다고 할 때 처음 수를 구하시오.

다음은 주어진 수의 각 자리 숫자의 곱을 구한 다음 곱의 각 자리 숫자를 더하는 과정을 한 자리 수가 될 때까지 반복한 것입니다. 이와 같은 규칙으로 한 자리 수가 3이 되는 두 자리 수는 모두 몇 개입니까? (단, 곱셈과 덧셈을 반드시 한 번씩은 해야 합니다.)

$$47 \Rightarrow 28 \Rightarrow 10 \Rightarrow 1$$
$$38 \Rightarrow 24 \Rightarrow 6$$

정답과 풀이 37쪽 ▶

최상위 사고력

1

가, 나, 다, 라는 10보다 크고 20보다 작은 두 자리 수입니다. 가＋나＋다＋라＝56 일 때, □ 안에 알맞은 수를 써넣으시오.

> 가. 3씩 ●묶음 　　 나. 7의 ◆배
> 다. 2 곱하기 ♥ 　　 라. 5씩 ★줄

●＝□, ◆＝□, ♥＝□, ★＝□

2

|규칙|에 맞게 빈칸에 알맞은 수를 써넣으시오.

---|규칙|---

① 같은 가로줄, 세로줄에는 1, 2, 3, 4가 각각 한 번 씩 들어갑니다.
② 빨간색 선으로 둘러싸인 작은 도형 안에 적힌 수는 주어진 연산 기호를 사용하여 나온 결과를 나타냅 니다.

8× 1	2	4	8+ 3
18× 3	7+ 4	2	1
2	3	1	4
5+ 4	1	6× 3	2

24×			4+
8×	6+	1	
			8×
12×			

3 다음과 같이 기호 ▲를 약속할 때 □ 안에 알맞은 수를 써넣으시오.

$$㉠ ▲ ㉡ = ㉠ × ㉡ - ㉠ + ㉡$$

(1) $4 ▲ \boxed{} = 36$

(2) $\boxed{} ▲ 6 = 16$

| 경시대회 기출 |

4 □ 안에 1부터 9까지의 수를 한 번씩 써넣어 3개의 식을 만드시오.

$$\boxed{} + \boxed{} = \boxed{}$$

$$\boxed{} - \boxed{} = \boxed{}$$

$$\boxed{} × \boxed{} = \boxed{}$$

1 주어진 수 카드를 모두 한 번씩 사용하여 곱셈식 두 개를 만들려고 합니다. ☐ 안에 알맞은 수를 써넣으시오.

$$3 \times \boxed{} = \boxed{}\,\boxed{} \qquad\qquad 5 \times \boxed{} = \boxed{}\,\boxed{}$$

2 |조건|에 맞는 어떤 수를 구하시오.

|조건|
- 어떤 수는 4보다 크고 9보다 작습니다.
- 어떤 수의 4배는 30보다 작습니다.
- 어떤 수의 6배는 40보다 큽니다.

3 사각형의 땅 위에 네 변의 길이가 모두 같은 타일을 빈틈없이 깔았습니다. 주어진 수는 작은 사각형의 땅 위에 깔려 있는 타일의 수일 때, 색칠한 부분 위에 깔려 있는 타일은 몇 개인지 구하시오.

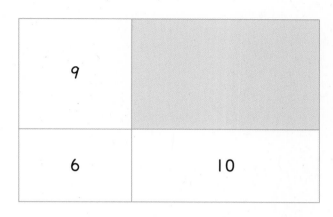

4 곱셈구구표의 일부분을 보고 빈칸에 알맞은 수를 써넣으시오.

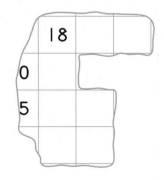

정답과 풀이 39쪽 ▶

5 곱셈구구표의 규칙을 찾아 물음에 답하시오.

(1) 일의 자리 숫자가 2개씩 반복되는 단은 몇 단입니까?

(2) 3번 나오는 수를 모두 찾아 쓰시오.

6 5장의 수 카드 중 4장을 골라 두 장씩 짝지어 더한 수를 곱하려고 합니다. 가장 큰 값과 가장 작은 값을 차례로 구하시오.

3 3 4 2 5

7 표에서 오른쪽과 아래쪽에 적힌 수는 각각 가로와 세로의 빈칸에 들어가는 세 수의 곱입니다. 빈칸에 알맞은 수를 써넣으시오. (단, 빈칸에 들어가는 수는 모두 한 자리 수입니다.)

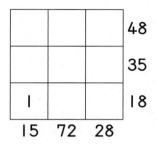

8 5장의 수 카드 중 3장을 골라 홀수인 세 자리 수를 만들려고 합니다. 만들 수 있는 수는 모두 몇 개입니까?

1 2 4 5 8

정답과 풀이 39쪽 ▶

폭탄 **2**개로 벽 **2**군데를 없앨 수 있습니다. 깃발까지 어떻게 갈 수 있을까요?

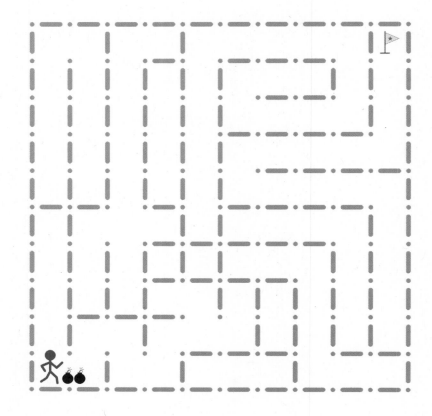

정답과 풀이 41쪽 ▶

측정 (1)

7-1. 길이의 차와 막대의 길이

1 길이가 20 m인 막대를 한 번 잘라 두 도막을 만들었습니다. 두 도막의 길이를 비교해 보았더니 한 도막이 다른 도막보다 8 m 더 길었습니다. 긴 도막의 길이는 몇 m입니까?

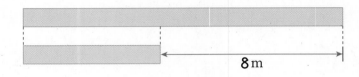

8 m

2 굵기는 같지만 길이가 다른 막대 2개가 있습니다. 긴 막대는 짧은 막대보다 60 cm만큼 더 길고, 긴 막대를 남는 부분이 없도록 잘라서 짧은 막대와 길이가 같은 막대 4개를 만들 수 있습니다. 긴 막대의 길이는 몇 cm입니까?

땀이 뻘뻘

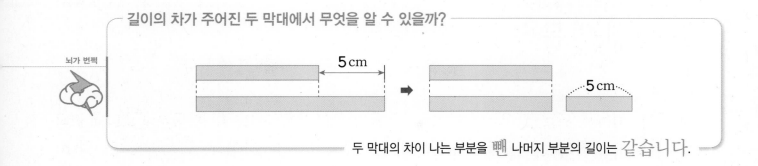

길이의 차가 주어진 두 막대에서 무엇을 알 수 있을까?

두 막대의 차이 나는 부분을 뺀 나머지 부분의 길이는 같습니다.

최상위 사고력 초록색 막대 3개와 빨간색 막대 1개를 2가지 방법으로 겹치지 않게 이어 붙였습니다. 초록색 막대 1개의 길이는 몇 cm입니까?

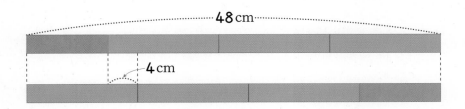

7-2. 띄어 만든 길이, 겹쳐 만든 길이

1 칠판에 처음부터 끝까지 20 cm 간격으로 8개의 액자가 걸려있습니다. 액자의 가로가 30 cm일 때, 칠판 안쪽의 가로는 몇 cm입니까?

2 다음과 같이 굵기가 일정한 고리 10개를 연결해 놓았습니다. 고리 10개를 연결한 전체 길이 ㉠은 몇 cm입니까?

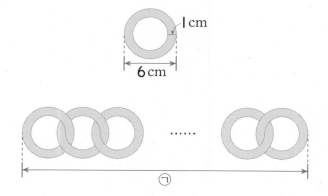

이어 붙인 색 테이프의 전체 길이를 구하는 방법은?

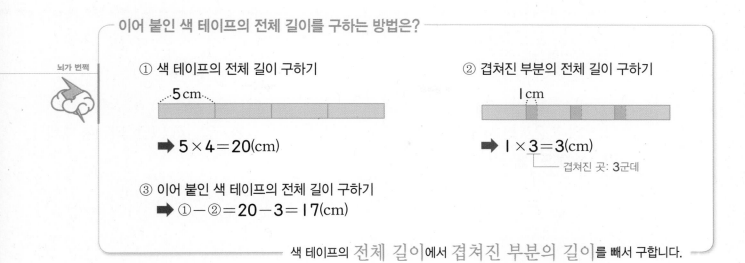

① 색 테이프의 전체 길이 구하기

5 cm

➡ 5×4=20(cm)

② 겹쳐진 부분의 전체 길이 구하기

1 cm

➡ 1×3=3(cm)
└─ 겹쳐진 곳: 3군데

③ 이어 붙인 색 테이프의 전체 길이 구하기

➡ ①−②=20−3=17(cm)

────── 색 테이프의 전체 길이에서 겹쳐진 부분의 길이를 빼서 구합니다.

최상위 사고력

긴 철사를 ㉠과 같이 반으로 구부려서 강바닥에 수직으로 세웠더니 강물 위로 9 m만큼 올라왔습니다. 철사를 편 후 다시 ㉡과 같이 3번 구부려서 강바닥에 수직으로 세웠더니 강물 위로 3 m만큼 올라왔습니다. 강물의 깊이는 몇 m입니까? (단, 철사의 굵기는 생각하지 않습니다.)

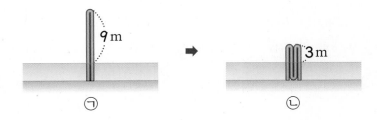

정답과 풀이 43쪽 ▶

7-3. 잴 수 있는 길이

1 다음 막대 2개를 사용하여 잴 수 있는 길이는 모두 몇 가지입니까? (단, 막대를 1개만 사용해도 됩니다.)

TIP 막대의 두께 1cm로도 길이를 잴 수 있습니다.

2 막대 4개를 옆으로 이어 붙여서 1cm부터 13cm까지 1cm 간격의 모든 길이를 재려고 합니다. 더 필요한 막대 2개를 고르시오.

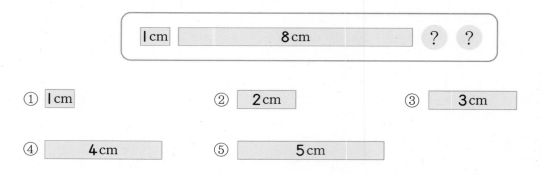

① 1cm   ② 2cm   ③ 3cm

④ 4cm   ⑤ 5cm

막대를 옆으로 이어 붙이므로 길이의 차는 이용할 수 없습니다.

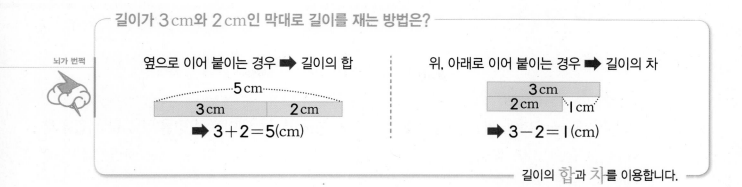

길이가 3cm와 2cm인 막대로 길이를 재는 방법은?

옆으로 이어 붙이는 경우 ➡ 길이의 합

5cm
3cm | 2cm
➡ 3+2=5(cm)

위, 아래로 이어 붙이는 경우 ➡ 길이의 차

3cm
2cm | 1cm
➡ 3−2=1(cm)

길이의 합과 차를 이용합니다.

다음은 1cm부터 10cm까지 길이의 퀴즈네르 막대입니다. 막대 3개만 골라서 1cm 부터 13cm까지 1cm 간격의 모든 길이를 재려고 합니다. 골라야 하는 막대 3개의 길이는 각각 몇 cm인지 쓰시오.

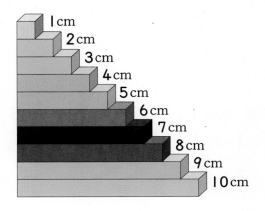

1cm
2cm
3cm
4cm
5cm
6cm
7cm
8cm
9cm
10cm

정답과 풀이 44쪽 ▶

1 길이가 9 cm인 색 테이프 8장과 길이가 ㉠ cm인 색 테이프 2장을 1 cm씩 겹치게 하여 한 줄로 이어 붙였습니다. 이어 붙인 색 테이프의 전체 길이가 83 cm일 때 ㉠에 알맞은 수를 구하시오.

2 다음 막대 3개를 사용하여 잴 수 있는 길이는 모두 몇 가지입니까? (단, 막대를 1개만 사용해도 됩니다.)

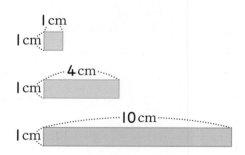

3

길이가 11 m인 막대를 서로 다른 길이의 세 도막으로 잘라서 1 m부터 11 m까지 1 m 간격의 모든 길이를 재려고 합니다. 나누어야 하는 도막 3개의 길이는 각각 몇 m 인지 쓰시오.

────────────── 11 m ──────────────

| 경시대회 기출 |

4

나무 막대 ㉠, ㉡, ㉢이 있습니다. ㉢의 길이는 ㉠에서 ㉡을 잘라내고 남은 막대의 길이와 같습니다. 책상의 가로를 ㉠ 막대로는 3번, ㉡ 막대로는 4번 만에 쟀다면 ㉢ 막대로는 몇 번 만에 잴 수 있습니까?

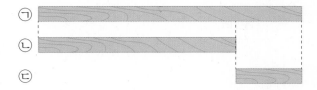

8-1. 두 점 사이의 거리

1 다음 그림을 보고 ☐ 안에 알맞은 수를 써넣으시오.

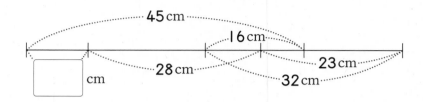

ㄴ cm

2 성우네 집과 학교 사이에는 일직선으로 도서관, 병원, 마트가 차례로 있습니다. 성우네 집에서 도서관까지의 거리는 70 m이고, 성우네 집에서 마트까지의 거리는 150 m입니다. 다음 표를 보고 ㉠, ㉡, ㉢에 알맞은 거리를 각각 구하려고 합니다. ☐ 안에 알맞은 수를 써넣으시오.

성우네 집				
70 m	도서관			
130 m	㉠	병원		
150 m	80 m	20 m	마트	
㉡	㉢	50 m	30 m	학교

㉠ = ☐ m, ㉡ = ☐ m, ㉢ = ☐ m

일직선 위에서 거리를 구하는 방법은?

예 지유는 형주보다 **5 m** 앞에 있고, 민하는 지유보다 **3 m** 뒤에 있습니다.
민하와 형주 사이의 거리는 몇 m입니까?

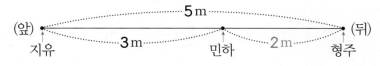

주어진 조건에 맞게 **그림**을 그려 위치를 찾습니다.

최상위
사고력

한 직선 위에 네 점 ㄱ, ㄴ, ㄷ, ㄹ이 어떤 순서로 놓여 있습니다. 두 점 사이의 거리가 다음과 같을 때 점 ㄱ과 점 ㄹ 사이의 거리가 될 수 있는 경우를 모두 구하시오.

점 ㄱ과 ㄴ 사이의 거리: **2 m 10 cm**
점 ㄴ과 ㄷ 사이의 거리: **3 m 30 cm**
점 ㄷ과 ㄹ 사이의 거리: **4 m 20 cm**

8-2. 가장 짧은 길의 가짓수

1 집에서 문구점을 지나 학교에 가려고 합니다. 거리가 가장 짧은 길을 모두 그려 보고, 모두 몇 가지인지 구하시오.

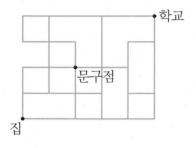 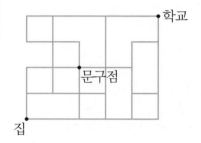

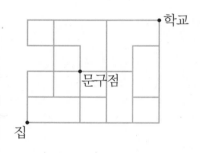 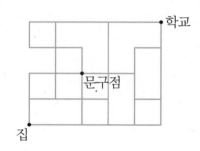

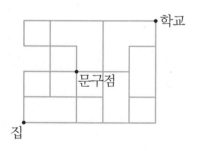 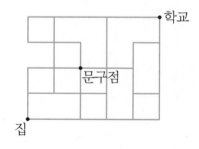

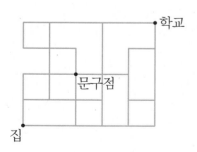 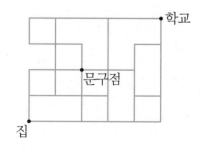

거리가 가장 짧은 길의 가짓수를 쉽게 구하는 방법은?

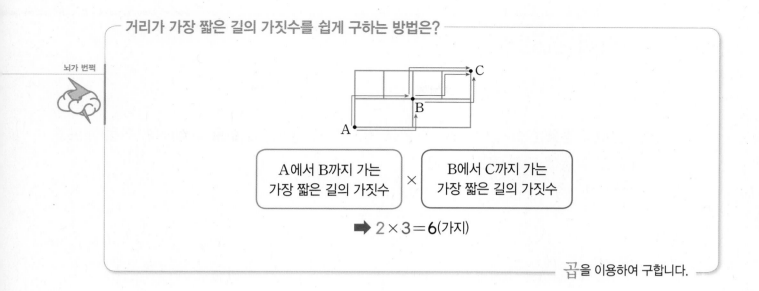

$$A에서 B까지 가는 \times B에서 C까지 가는$$

가장 짧은 길의 가짓수 × 가장 짧은 길의 가짓수

➡ $2 \times 3 = 6$(가지)

곱을 이용하여 구합니다.

최상위 사고력

다음 그림을 보고 물음에 답하시오.

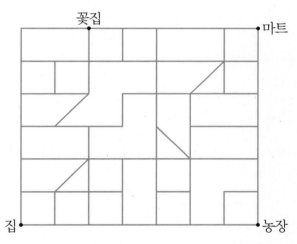

(1) 농장에서 꽃집까지 가는 거리가 가장 짧은 길은 모두 몇 가지입니까?

(2) 집에서 마트까지 가는 거리가 가장 짧은 길은 모두 몇 가지입니까?

TIP ☐ 의 길이보다 ◸ 의 길이가 더 짧습니다.

8-3. 효율적으로 이동하기

1 진우와 정호는 목적지로 갈 때 항상 거리가 가장 짧은 경로로 다닙니다. 마을 지도를 보고 물음에 답하시오.

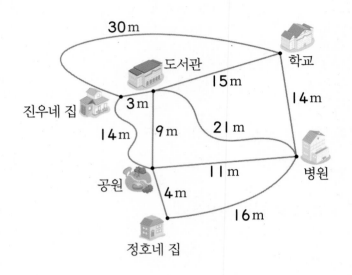

(1) 진우가 집에서 병원까지 가는 이동 경로를 쓰고, 이때의 이동 거리는 몇 m인지 구하시오.

이동 경로: _____

이동 거리: _____

(2) 정호가 집에서 학교까지 가는 이동 경로를 쓰고, 이때의 이동 거리는 몇 m인지 구하시오.

이동 경로: _____

이동 거리: _____

뇌가 번쩍

A에서 E까지 가는 가장 짧은 경로는 어떻게 찾을까?

① 긴 거리는 가능한 지나지 않기

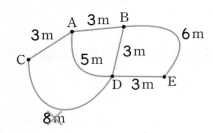

② 거쳐야 할 중간 지점에 가장 짧은 거리 쓰기

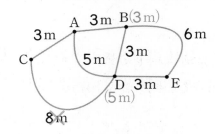

A→B→E: 9 m,　　A→D→E: 8 m

➡ A에서 E까지 가는 가장 짧은 경로의 거리는 8 m입니다.

가장 짧은 거리를 지나는 길을 찾습니다.

최상위 사고력

H에서 출발해 모든 알파벳을 한 번씩 지나 다시 제자리로 돌아오려고 합니다. 가장 짧은 이동 경로를 쓰고, 이때의 이동 거리는 몇 m인지 구하시오.

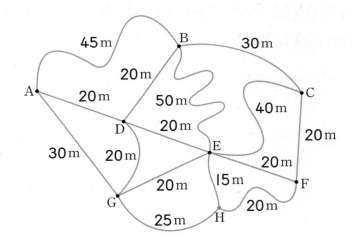

이동 경로: _____

이동 거리: _____

1

| 경시대회 기출 |

수민이네 집에서 공원까지의 거리는 80 m이고, 주희네 집에서 공원까지의 거리는 50 m입니다. 수민이네 집에서 주희네 집까지의 거리가 가장 긴 경우와 가장 짧은 경우는 각각 몇 m인지 차례로 구하시오.

2

민정, 수호, 기태, 영호, 지현이의 키를 비교하였더니 다음과 같았습니다. 수호와 영호의 키는 몇 cm만큼 차이가 납니까?

- 지현이는 민정이보다 5 cm만큼 더 큽니다.
- 영호는 기태보다 6 cm만큼 더 작습니다.
- 기태는 민정이보다 3 cm만큼 더 작습니다.
- 민정이는 수호보다 4 cm만큼 더 큽니다.

3 정우는 운동장에서 동쪽으로 43 m만큼 걸어간 후 남쪽으로 16 m만큼 걸어갔습니다. 정우는 다시 서쪽으로 17 m만큼 걸어간 후 북쪽으로 30 m만큼 걸어갔습니다. 정우가 처음 출발한 자리로 다시 돌아오려면 서쪽으로 몇 m, 남쪽으로 몇 m만큼 걸어가야 합니까?

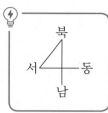

4 네 변의 길이가 12 cm로 모두 같은 사각형 모양의 종이가 있습니다. 그림과 같이 이 종이의 중심에서부터 시작하여 일정한 규칙으로 선을 그으려고 합니다. 선이 종이의 가장자리에 닿으려면 중심에서부터 선을 모두 몇 cm 그어야 합니까?

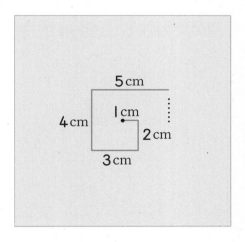

정답과 풀이 51쪽 ▶

1   다음 그림을 보고 ☐ 안에 알맞은 수를 써넣으시오.

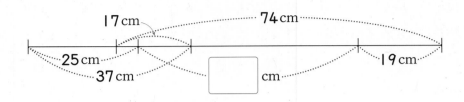

17 cm
74 cm
25 cm
37 cm
☐ cm
19 cm

2   길이가 34 cm인 통나무를 한 번 잘라 긴 통나무 1개와 짧은 통나무 1개를 만들었습니다. 두 통나무의 길이의 차가 8 cm일 때 긴 통나무의 길이는 몇 cm입니까?

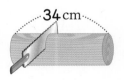

34 cm

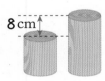

8 cm

3 주형, 민지, 수원, 정호가 달리기를 하고 있습니다. 민지는 수원이보다 5 m만큼 앞섰고, 정호보다는 12 m만큼 앞섰습니다. 정호가 주형이보다 9 m만큼 뒤떨어져 있다면 주형이와 수원이 사이의 거리는 몇 m입니까?

4 다음 막대 3개를 한 번씩만 사용하여 잴 수 있는 길이는 모두 몇 가지입니까?
(단, 막대를 1개만 사용해도 됩니다.)

1cm	3cm	9cm

정답과 풀이 53쪽 ▶

5 다음과 같이 굵기가 일정한 고리 9개를 연결해 놓았습니다. 고리 9개를 연결한 전체 길이 ㉠은 몇 cm입니까?

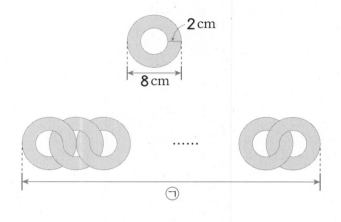

6 승우네 집에서 병원을 지나 학교까지 가는 거리가 가장 짧은 길은 모두 몇 가지인지 구하시오.

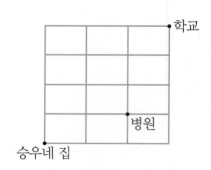

측정(2)

9-1. 거울에 비친 시계

땀이 뻘뻘

1 눈금만 있고 숫자가 쓰여 있지 않은 시계가 있습니다. 이 시계를 다음 그림과 같이 거울에 비추어 보았더니 실제 시각과 거울에 비친 시각의 차가 2시간(또는 10시간)이었습니다. 실제 시각과 거울에 비친 시각의 차가 다음과 같을 때 빈칸에 실제 시각을 모두 써넣으시오.

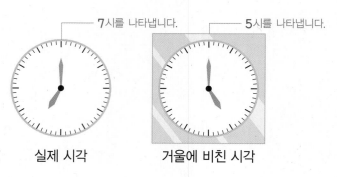

7시를 나타냅니다.   5시를 나타냅니다.

실제 시각   거울에 비친 시각

실제 시각과 거울에 비친 시각의 차	실제 시각
2시간(또는 10시간)	
4시간(또는 8시간)	
6시간	

뇌가 번쩍

실제 시각과 거울에 비친 시각 사이에 어떤 원리가 숨어 있을까?

실제 시각   거울에 비친 시각

7시 20분   +   4시 40분   =   12시간

(실제 시각)+(거울에 비친 시각)=12시간

민수가 영화를 보고 거울에 비친 시계를 보았더니 영화가 시작할 때와 똑같은 모양이었습니다. 민수가 3시와 9시 사이에 1시간 40분 동안 영화를 보았을 때 영화가 시작한 시각과 영화가 끝난 시각을 차례로 구하시오. (단, 시계는 눈금만 있고 숫자가 쓰여 있지 않은 시계입니다.)

30분 전에 실제 시각과 거울에 비친 시각의 차가 3시간이었습니다. 현재 시각이 될 수 있는 시각을 모두 구하시오.

정답과 풀이 55쪽 ▶

9-2. 디지털 시계

1 오른쪽 디지털 시계의 시각은 앞으로 읽으나, 뒤로 읽어도 모두 오전 3시 30분을 나타냅니다. 이 시각 이후부터 오후 9시까지 앞으로 읽으나, 뒤로 읽어도 똑같은 시각이 되는 시각을 모두 디지털 시계로 나타내시오.

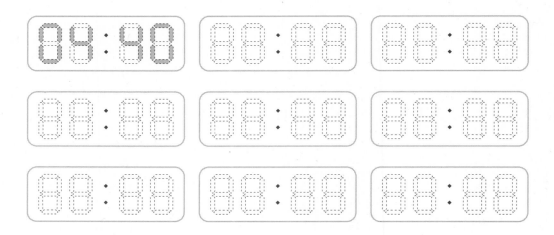

TIP 디지털 숫자는 0, 1, 2, 3, 4, 5, 6, 7, 8, 9와 같이 나타냅니다.
디지털 시계로 오전 3시 30분은 03:30, 오후 3시 30분은 15:30으로 나타냅니다.

2 디지털 시계는 숫자 4개로 시각을 나타냅니다. 디지털 시계로 오전 2시부터 오전 10시까지 4개의 숫자의 합이 6이 되는 경우는 모두 몇 번입니까?

디지털 시계로 오전, 오후를 어떻게 표시할까?

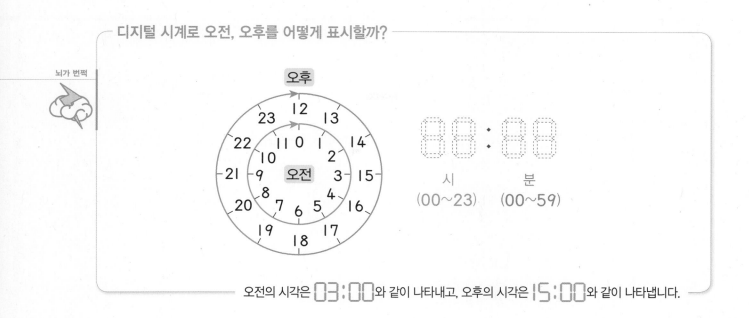

오전의 시각은 $03{:}00$와 같이 나타내고, 오후의 시각은 $15{:}00$와 같이 나타냅니다.

최상위 사고력

디지털 시계로 오전 2시 45분일 때 숫자가 0, 2, 4, 5로 4가지만 나오고, 오전 3시 13분일 때 숫자가 0, 1, 3으로 3가지만 나옵니다. 오전 2시부터 오전 7시까지 숫자가 2가지만 나오는 시각은 모두 몇 번입니까?

9-3. 시계와 규칙

1 다음과 같은 |규칙|으로 울리는 자명종 시계가 있습니다. 물음에 답하시오.

> ┤규칙├
> • 1시 정각에 한 번, 2시 정각에 두 번, 3시 정각에 세 번……12시 정각에 열두 번 울립니다.
> • 매시 30분에 종이 한 번 울립니다.

(1) 오후 3시 45분부터 오후 7시 45분까지 종은 모두 몇 번 울립니까?

(2) 오전 9시 10분부터 오후 2시 40분까지 종은 모두 몇 번 울립니까?

2 오전 10시부터 오후 10시까지 시계의 긴바늘과 짧은바늘은 모두 몇 번 겹쳐집니까?

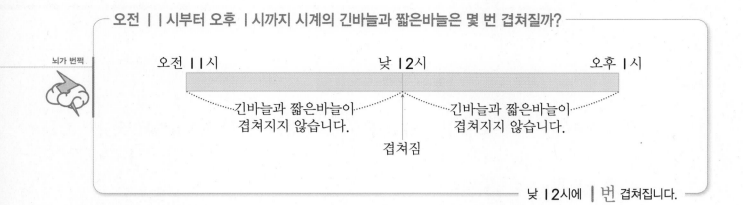

오전 ||시부터 오후 |시까지 시계의 긴바늘과 짧은바늘은 몇 번 겹쳐질까?

오전 ||시 　　　　　　　 낮 |2시 　　　　　　　 오후 |시

긴바늘과 짧은바늘이 겹쳐지지 않습니다. 　　 겹쳐짐 　　 긴바늘과 짧은바늘이 겹쳐지지 않습니다.

낮 |2시에 | 번 겹쳐집니다.

최상위
사고력

다음과 같이 시계의 긴바늘과 짧은바늘이 일직선이 되는 경우는 오후 |시부터 오후 9시까지 몇 번입니까?

1 디지털 시계로 오전 3시 12분일 때 디지털 시계가 나타내는 4개의 숫자의 합은 0+3+1+2=6입니다. 이 시각 이후부터 4개의 숫자의 합이 처음으로 19가 되는 시각은 오전 몇 시 몇 분입니까?

2 다음과 같이 디지털 시계를 거울에 비추었을 때에도 시각을 나타내는 경우가 있습니다. 오전 9시부터 낮 12시까지 디지털 시계를 거울에 비추었을 때 시각을 나타내는 경우는 모두 몇 번입니까?

문제풀이

실제 시각

거울에 비친 시각

TIP 디지털 숫자 중에서 거울에 비추었을 때 숫자가 되는 경우는 0, 1, 2, 5, 8입니다.

3 긴바늘과 짧은바늘을 바꾸어 붙인 시계가 있습니다. 이 시계가 하루에 정확한 시각을 가리킬 때는 몇 번입니까?

| 경시대회 기출 |

4 진아네 집에는 매시 정각에 짧은바늘이 가리키는 숫자만큼 울리는 자명종 시계가 있습니다. 진아가 오늘 집에서 오전 8시에 나갔다가 오후 10시 전에 집에 돌아왔을 때 시계의 긴바늘은 6을 가리키고 있었고, 돌아온 시각부터 지금 시각까지 자명종이 모두 15번 울렸습니다. 지금 시계의 긴바늘이 6을 가리킨다면 지금 시각이 될 수 있는 시각을 모두 쓰시오.

문제풀이

10-1. 기차와 시간

1 다음은 빠르기가 같은 두 기차가 서울역에서 출발하여 각각의 역에 도착했을 때의 시각을 나타낸 표입니다. 빈칸에 알맞은 시각을 써넣으시오.

수원	천안	대전	대구	부산
7:00	7:30	8:20		11:10
	10:35		12:55	14:15

2 가, 나, 다, 라, 마의 5개 역이 차례로 일직선으로 있습니다. 기차가 일정한 빠르기로 역을 지나갈 때, 빈칸에 걸리는 시간을 알맞게 써넣으시오. (단, 출발역과 도착역이 서로 바뀌어도 걸리는 시간은 같습니다.)

출발역	도착역	걸리는 시간
가	나	
나	다	
가	마	3시간
라	마	
가	다	1시간 20분
나	라	1시간 30분
라	다	
마	나	1시간 50분

기차가 지나는 역의 순서를 알 때 걸리는 시간은 어떻게 구할까?

뇌가 번쩍

가, 나, 다의 순서대로 있는 **3**개 역을 일정한 빠르기로 지나는 기차

출발역	도착역	걸리는 시간
가	나	20분
다	가	60분
나	다	?

➡

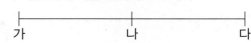

① 수직선 위에 역을 순서대로 그리기

② 주어진 시간을 써넣어 나머지 시간 구하기

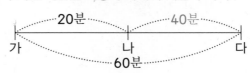

그림을 그려 걸리는 시간을 구할 수 있습니다.

최상위 사고력

다음은 기차가 일직선으로 있는 도시 ㉠, ㉡, ㉢, ㉣, ㉤ 사이를 가는데 걸리는 시간을 나타낸 것입니다. 빈칸에 알맞은 시간을 써넣으시오.

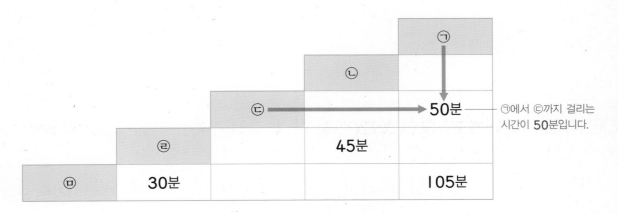

㉠에서 ㉢까지 걸리는 시간이 **50분**입니다.

10-2. 낮과 밤의 시간

1 다음은 해 뜨는 시각과 해 지는 시각을 나타낸 표입니다. 낮의 길이가 가장 긴 날의 밤의 길이를 구하시오.
└ 해 뜨는 시각부터 해 지는 시각 사이

	1월 3일	1월 7일	1월 12일
해 뜨는 시각	오전 7시 40분	오전 7시 35분	오전 7시 30분
해 지는 시각	오후 5시 20분	오후 5시 25분	오후 5시 30분

2 어느 날 해 뜨는 시각은 오전 6시 10분이고, 해 지는 시각은 오후 6시 50분이었습니다. 이날 낮의 길이는 밤의 길이보다 몇 분이 더 깁니까?

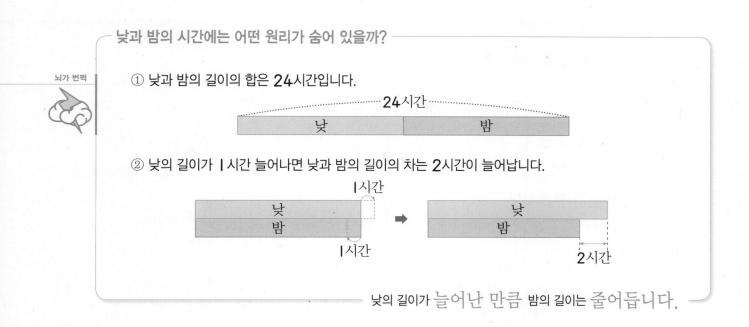

낮과 밤의 시간에는 어떤 원리가 숨어 있을까?

뇌가 번쩍

① 낮과 밤의 길이의 합은 **24시간**입니다.

24시간

| 낮 | 밤 |

② 낮의 길이가 **l시간** 늘어나면 낮과 밤의 길이의 차는 **2시간**이 늘어납니다.

l시간

| 낮 |
| 밤 |

l시간

➡

| 낮 |
| 밤 |

2시간

낮의 길이가 늘어난 만큼 밤의 길이는 줄어듭니다.

최상위
사고력
A

어느 날 낮의 길이는 밤의 길이보다 30분 더 짧았습니다. 이날 해 뜨는 시각이 오전 6시 45분이었다면 해 지는 시각은 오후 몇 시 몇 분입니까?

최상위
사고력
B

어느 날 낮의 길이는 밤의 길이보다 50분 더 길었습니다. 이날 해 지는 시각이 오후 6시 20분이었다면 해 뜨는 시각은 오전 몇 시 몇 분입니까?

정답과 풀이 61쪽 ▶

10-3. 고장난 시계

1 5개의 시계 중 1개만 정확한 시계이고, 나머지 4개는 일정한 빠르기로 빠르게 가거나 느리게 가는 고장난 시계입니다. |조건|을 보고 정확한 시계의 시각은 몇 시 몇 분인지 구하시오.

|조건|
- 어떤 시계는 5분이 느립니다.
- 어떤 시계는 15분이 빠릅니다.
- 어떤 시계는 10분이 느립니다.
- 어떤 시계는 20분이 빠릅니다.

2 고장난 시계가 2개 있습니다. 한 시계는 1시간에 2분씩 빠르게 가고, 다른 시계는 1시간에 3분씩 느리게 갑니다. 어느 날 오전 9시에 두 시계를 정확히 맞추어 놓고 그 다음날 오전 9시에 시계를 본다면 두 시계가 가리키고 있는 시각의 차는 몇 분입니까?

땀이 뻘뻘

| 시간에 5분씩 빠르게 가는 시계는 ■시간 후에 몇 분 빨라질까?

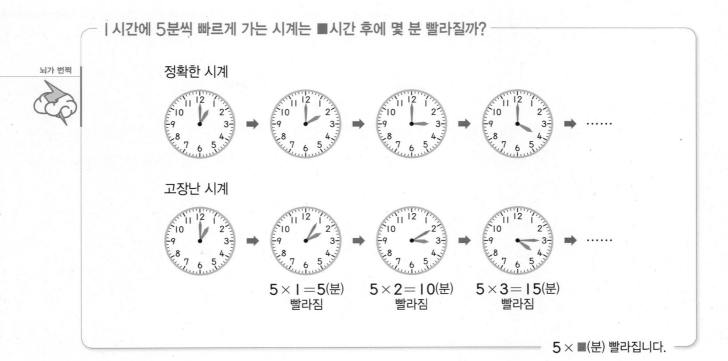

정확한 시계

고장난 시계

$5 \times 1 = 5$(분) 빨라짐

$5 \times 2 = 10$(분) 빨라짐

$5 \times 3 = 15$(분) 빨라짐

$5 \times$ ■ (분) 빨라집니다.

일정한 빠르기로 빠르게 가거나 느리게 가는 고장난 시계가 있습니다. 이 시계를 4월 5일 오전 9시에 정확히 맞추어 놓았을 때, 정확한 시계가 4월 7일 오전 9시이면 고장난 시계는 몇 월 며칠 몇 시 몇 분입니까?

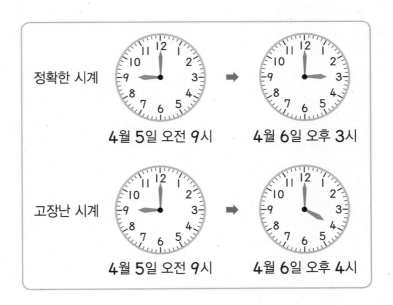

정확한 시계

4월 5일 오전 9시 → 4월 6일 오후 3시

고장난 시계

4월 5일 오전 9시 → 4월 6일 오후 4시

정답과 풀이 62쪽 ▶

1 서울 고속버스 터미널에서 출발하여 부산 고속버스 터미널까지 가는 첫 번째 버스는 오전 6시 30분에 출발하고, 50분 간격으로 한 대씩 운행됩니다. 오전 중에 출발하는 버스는 몇 대입니까?

2 1시간에 10분씩 빠르게 가는 고장난 디지털 시계가 있습니다. 이 시계를 오전 4시에 정확히 맞추어 놓았을 때, 정확한 시계가 오전 4시부터 오전 6시까지 가는 동안 고장 난 디지털 시계에 나오는 숫자 6은 모두 몇 번인지 구하시오. (단, 1분마다 셉니다.)

3 Ⅰ시간에 30분씩 느리게 가는 고장난 시계가 있습니다. 이 시계를 오후 Ⅰ시에 정확하게 맞추어 놓았을 때, 다시 정확한 시각을 나타내는 가장 빠른 시각은 오후 Ⅰ시부터 몇 시간 후입니까?

| 경시대회 기출 |

4 일정한 빠르기로 느리게 가는 고장난 시계가 있습니다. 다음은 정확한 시계와 고장난 시계를 오전 6시에 정확히 맞추어 놓고 그날 낮에 본 것입니다. 같은 날 오후 7시에 고장난 시계는 오후 몇 시 몇 분을 가리킵니까?

문제풀이

정확한 시계

고장난 시계

11-1. 시차

└── 세계 각 지역의 시간 차이

 1 다음은 여러 나라의 시차를 나타낸 것입니다. 각 나라의 시계에 긴바늘과 짧은바늘을 알맞게 그리시오.

> • 서울은 베이징보다 **1**시간 빠릅니다.
> • 두바이는 서울보다 **5**시간 느립니다.
> • 베이징은 밴쿠버보다 **16**시간 빠릅니다.
> • 밴쿠버는 파리보다 **9**시간 느립니다.
> • 파리는 뉴욕보다 **6**시간 빠릅니다.

베이징	서울	두바이
밴쿠버	파리	뉴욕

뇌가 번쩍

시차는 왜 생기는 걸까?

세계 지도

서울

서울보다 시간이 느립니다.　서울보다 시간이 빠릅니다.

시차는 지구가 서쪽에서 동쪽으로 자전(스스로 돌기)을 하기 때문에 생깁니다.

최상위 사고력

다음 대화를 보고 수지가 민우에게 다시 문자 보낼 시각은 런던 시각으로 며칠 몇 시인지 구하시오.

민우: 이제 자야겠어. 너무 늦었어.

수지: 아직 저녁 6시밖에 안 되었는데 벌써 자?

민우: 여기는 새벽 3시야! 런던과는 시각이 다르잖아.

수지: 아 그렇구나! 미안해. 런던은 오늘이 10일인데. 서울은 며칠이야?

민우: 여기는 11일이야.

수지: 그럼 13일 오후 5시에 다시 문자 보낼게! 서울 시각으로 말이야! 잘자.

11-2. 달력

1 어느 해 4월 달력의 일부분입니다. 주어진 날짜는 무슨 요일인지 구하시오.

(1) 3월 1일: _____

(2) 5월 5일: _____

(3) 6월 6일: _____

2 어느 해 5월에는 수요일이 4번 있습니다. 이 해의 5월 31일이 될 수 있는 요일을 모두 쓰시오.

수요일과 목요일이 5번 있는 7월 달력은 어떻게 생겼을까?

① 요일 없는 달력 그리기

1	2	3	4	5	6	7
8	9	10	11	12	13	14
15	16	17	18	19	20	21
22	23	24	25	26	27	28
29	30	31				

② 조건에 맞게 순서대로 요일 쓰기

방법1 | 수 | 목 | 금 | 토 | 일 | 월 | 화 |
방법2 | 화 | 수 | 목 | 금 | 토 | 일 | 월 |

1	2	3	4	5	6	7
8	9	10	11	12	13	14
15	16	17	18	19	20	21
22	23	24	25	26	27	28
29	30	31				

요일 없는 달력을 그려 찾습니다.

최상위 사고력 A

어느 해 6월의 금요일에는 홀수가 3번 있습니다. 이 해의 7월 1일은 무슨 요일입니까?

최상위 사고력 B

민수는 매달 넷째 일요일에 축구를 합니다. 민수가 축구를 하는 날짜는 ■일부터 ▲일까지가 될 수 있을 때 ■, ▲에 알맞은 수를 각각 구하시오.

11-3. 여러 가지 시계 표현

1 다음은 조선 시대에 시각을 나타냈던 단위입니다. 조선 시대의 시각으로 9시는 사시 정각, 13시 15분은 미시 일각입니다. 물음에 답하시오.

'시'를 나타낸 단위	
자시	23시부터 1시 전까지
축시	1시부터 3시 전까지
인시	3시부터 5시 전까지
묘시	5시부터 7시 전까지
진시	7시부터 9시 전까지
사시	9시부터 11시 전까지
오시	11시부터 13시 전까지
미시	13시부터 15시 전까지
신시	15시부터 17시 전까지
유시	17시부터 19시 전까지
술시	19시부터 21시 전까지
해시	21시부터 23시 전까지

* 하루(24시간)를 2시간씩 나누어 '시'를 나타냈습니다.

'분'을 나타낸 단위	
정각	0분
일각	15분
이각	30분
삼각	45분
사각	60분
오각	75분
육각	90분
칠각	105분

* 각 '시'를 15분씩 나누어 '분'을 나타냈습니다.

(1) 다음 시각을 조선 시대의 시각으로 나타내시오.

13시: _____ , 5시 30분: _____ , 16시: _____

(2) 조선 시대의 시각을 현재의 시각으로 나타내시오.

사시 삼각: _____ , 축시 칠각: _____ , 오시 오각: _____

옛날 사람들은 시간에 대해 어떤 의미를 두어 사용했을까?

| 시각 | 자시: 쥐가 제일 열심히 뛰어 다니는 때
인시: 하루 중 호랑이가 제일 흉악한 때
사시: 이 시간에 뱀은 자고 있어 사람을 해치는 일이 없는 때 |
| 시간 | 한 식경(30분): 밥 한끼를 먹을 시간
한 다경(15분): 차 한 잔 마실 시간
한 나절(6시간): 하루 낮의 절반쯤 되는 시간 |

**최상위
사고력**

정확한 시계로 30분 동안 긴바늘은 한 바퀴를 돌고, 짧은바늘은 큰 눈금 한 칸을 움직이는 6시까지만 나타내는 시계가 있습니다. 이 시계가 현재 1시를 가리키고 있을 때 100분이 지난 후 이 시계는 몇 시 몇 분을 가리킵니까?

TIP 큰 눈금 1칸은 분침으로 5분을 나타냅니다.

1 다음은 어느 해의 날짜입니다. 같은 요일이 아닌 날은 어느 것입니까?

① 7월 26일　　② 8월 9일　　③ 8월 30일　　④ 9월 7일　　⑤ 8월 23일

2 어느 달의 달력을 보니 다음 달 31일이 수요일이었습니다. 이번 달 1일이 될 수 있는 요일을 모두 쓰시오. (단, 이번 달은 2월이 아닙니다.)

3

문제풀이

어느 달의 일요일 날짜의 합이 70일 때 이달의 첫째 목요일은 며칠입니까?

4

문제풀이

승우는 인천 공항에서 출발하여 스페인의 마드리드로 여행을 다녀왔습니다. 다음은 승우가 비행기에 탄 시간표를 두 도시의 현지 시각으로 나타낸 것입니다. 인천이 오후 1시일 때 마드리드는 같은 날 오전 5시라면 승우가 비행기를 탄 전체 시간은 몇 시간 몇 분인지 구하시오.

	도시	날짜	시각
출발	인천	8월 3일	오후 10시 30분
도착	마드리드	8월 4일	오전 3시 40분
출발	마드리드	8월 20일	오전 8시 50분
도착	인천	8월 21일	오전 3시 30분

정답과 풀이 67쪽 ▶

1 어느 해 7월 달력의 일부분입니다. 같은 해 8월 달력 중 토요일의 날짜를 모두 더하면
얼마입니까?

2 다음은 민수가 거울에 비친 디지털 시계를 본 모습입니다. 8분 후의 실제 시각은 몇 시
몇 분입니까?

3 오전 9시부터 오후 2시 30분까지 시계의 긴바늘과 짧은바늘은 모두 몇 번 겹쳐집니니까?

4 다음은 파리와 서울의 시각을 나타낸 것입니다. 서울이 4월 20일 오후 3시 30분일 때 파리는 몇 월 며칠 몇 시 몇 분입니까?

파리   서울

4월 1일 오전 11시   4월 1일 오후 7시

5 어느 날 낮의 길이는 밤의 길이보다 20분 더 길었습니다. 이날 해 뜨는 시각이 오전 6시 40분이었다면 해 지는 시각은 오후 몇 시 몇 분입니까?

6 매시 정각에 짧은바늘이 가리키는 숫자만큼 뻐꾸기 소리를 내는 시계가 있습니다. 이 시계는 하루에 뻐꾸기 소리를 모두 몇 번 냅니까?

7 일정한 빠르기로 가는 고장난 시계 2개가 있습니다. 한 시계는 하루에 5분씩 느려지고, 다른 시계는 하루에 3분씩 빨라집니다. 어느 날 오전 9시에 두 시계를 정확히 맞추어 놓고 매일 오전 9시에 두 시계가 가리키는 시각을 확인할 때 두 시계가 가리키는 시각의 차가 처음으로 1시간보다 커지는 날은 며칠 후입니까?

8 눈금만 있고 숫자가 쓰여 있지 않은 시계를 거울에 비친 모습입니다. 거울에 비친 시계의 시각과 실제 시각의 차가 처음으로 2시간이 되는 것은 몇 시간 후입니까?

사고력이 톡톡 💡

정답과 풀이 69쪽 ▶

곰은 누구랑 통화하고 있을까요?

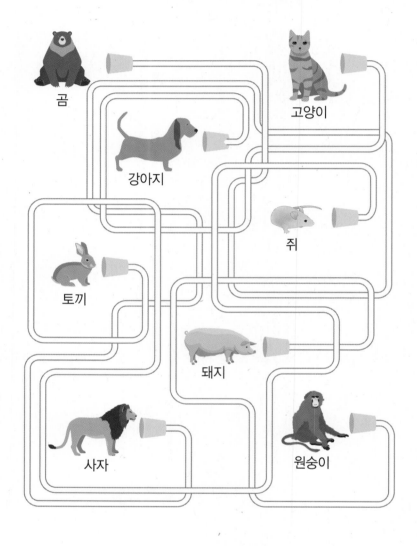

확률과 통계

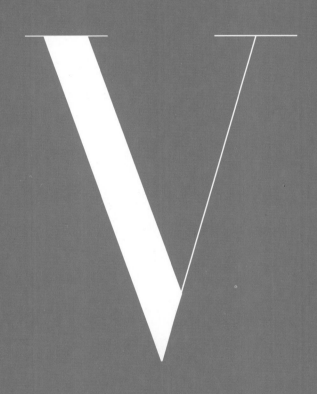

확률과 통계

12-1. 표를 완성하고 해석하기

1 상진이네 반 학생들이 좋아하는 과일을 조사하여 나타낸 것입니다. 물음에 답하시오.

좋아하는 과일

상진	윤지	건우	새별	인호	수리	채영
은주	병준	희수	도영	경주	지현	소희
인교	영수	강우	지원	형찬	정민	지아
수형	하영	지유	현수	정균	규리	장우

(1) 자료를 보고 표로 나타내시오.

좋아하는 과일별 학생 수

과일								합계
학생 수(명)								

(2) (1)의 표만 보고 알 수 있는 사실을 모두 찾아 기호를 쓰시오.

> ㉠ 은주가 좋아하는 과일은 무엇인지 알 수 있습니다.
> ㉡ 포도를 좋아하는 학생 수를 알 수 있습니다.
> ㉢ 좋아하는 학생 수가 가장 많은 과일을 알 수 있습니다.
> ㉣ 지현이와 같은 과일을 좋아하는 학생이 누구인지 알 수 있습니다.
> ㉤ 바나나를 좋아하는 남학생 수가 여학생 수보다 많은지 알 수 있습니다.

수연이네 반 시간표의 일부분이 찢어졌습니다. 물음에 답하시오.

시간표

요일	월	화	수	목	금
I교시	국어	국어	통합	국어	국어
2교시	국어	국어	수학	수학	
3교시	통합	통합	창체	통합	
4교시	통합	통합	창체	통합	
5교시	수학			통합	

(1) 표를 완성하시오.

과목별 시간표

과목	국어			창체	합계
시간(교시)	7	3	I0		22

(2) (1)의 표만 보고 알 수 없는 사실을 모두 찾아 기호를 쓰시오.

> ㉠ 국어는 7교시를 학습합니다.
> ㉡ 5교시 수업을 하는 요일은 월요일과 목요일입니다.
> ㉢ 학습하는 시간이 가장 많은 과목은 통합입니다.
> ㉣ 화요일에는 수학을 학습하지 않습니다.
> ㉤ 국어와 수학을 모두 학습하는 날은 2일입니다.
> ㉥ 수연이네 반은 일주일에 22교시를 학습합니다.

정답과 풀이 70쪽 ▶

땀이 뻘뻘

1 민수네 반 학생들이 좋아하는 색깔을 조사하여 나타낸 것입니다. 물음에 답하시오.

좋아하는 색깔

이름	색깔	이름	색깔	이름	색깔	이름	색깔
민수	파랑	성우	초록	재훈	노랑	기영	분홍
영진	빨강	나영	빨강	승우	보라	민우	노랑
한영	노랑	혜리	노랑	동수	노랑	공주	빨강
소유	분홍	유나	보라	상호	초록	선재	보라
병태	빨강	혁수	파랑	창민	노랑	예서	노랑
희민	초록	서희	보라	건호	빨강	보민	파랑

(1) 자료를 보고 ◯를 사용하여 그래프로 나타내시오.

좋아하는 색깔별 학생 수

학생 수(명) \ 색깔	빨강	파랑	노랑	초록	보라	분홍
7						
6						
5						
4						
3						
2						
1						

(2) (1)의 그래프를 보고 잘못 설명한 것을 모두 찾아 기호를 쓰시오.

ㄱ 좋아하는 학생 수가 가장 많은 색깔은 노랑입니다.
ㄴ 초록을 좋아하는 학생 수는 분홍을 좋아하는 학생 수보다 1명 더 많습니다.
ㄷ 빨강을 좋아하는 학생 수는 보라와 분홍을 좋아하는 학생 수보다 더 많습니다.
ㄹ 좋아하는 학생 수가 4명보다 적은 색깔은 파랑, 초록, 분홍입니다.
ㅁ 민수네 반 학생 수는 모두 23명입니다.

표와 그래프에서 쉽게 알 수 있는 것은?

표	그래프
• 항목별 수 • 조사한 자료의 전체 수	• 가장 많은 것과 가장 적은 것 • 항목별 수의 많고 적음

최상위 사고력

진우네 반 학생 27명이 좋아하는 채소를 조사하여 그래프로 나타낸 것입니다. 물음에 답하시오.

좋아하는 채소별 학생 수

학생 수(명) / 채소	오이	감자	고구마	당근	양배추	토마토
7			○			
6			○			
5			○			○
4	○		○			○
3	○		○			○
2	○		○			○
1	○		○			○

(1) |조건|에 맞게 그래프를 완성하시오.

|조건|

• 감자를 좋아하는 학생은 당근을 좋아하는 학생보다 3명 더 많습니다.
• 고구마를 좋아하는 학생이 가장 많고, 양배추를 좋아하는 학생이 가장 적습니다.

(2) 위 그래프를 보고 잘못 설명한 것을 모두 찾아 기호를 쓰시오.

㉠ 좋아하는 학생 수가 두 번째로 많은 채소는 감자입니다.
㉡ 감자와 고구마를 좋아하는 학생 수는 모두 13명입니다.
㉢ 오이와 양배추를 좋아하는 학생 수는 감자를 좋아하는 학생 수보다 더 적습니다.
㉣ 좋아하는 채소별 학생 수는 모두 다릅니다.
㉤ 좋아하는 학생 수가 세 번째로 적은 채소는 토마토입니다.

정답과 풀이 71쪽 ▶

12-3. 조건과 표

1 합창대회에 참가한 유미네 학교 학생들의 학년을 조사하여 표로 나타내려고 합니다. |조건|에 맞게 표를 완성하시오.

> ┤조건├
> • 2학년은 4학년보다 학생 수가 1명 적고, 5학년은 4학년보다 학생 수가 1명 더 많습니다.
> • 1학년 학생 수가 가장 적고, 6학년 학생 수가 가장 많습니다.

학년별 학생 수

학년	1	2	3	4	5	6	합계
학생 수(명)	3			6			33

2 지우네 반 학생들이 가고 싶은 나라를 조사하여 표로 나타내려고 합니다. |조건|에 맞게 표를 완성하시오.

> ┤조건├
> • 독일에 가고 싶은 학생 수는 프랑스에 가고 싶은 학생 수보다 많지만 영국에 가고 싶은 학생 수보다 적습니다.
> • 스위스에 가고 싶은 학생 수는 미국에 가고 싶은 학생 수보다 3명 더 많습니다.

가고 싶은 나라별 학생 수

나라	영국	프랑스	독일	스위스	미국	합계
학생 수(명)	11	7				32

조건을 보고 표를 완성하는 문제는 어떻게 풀까?

뇌가 번쩍

① 조건에서 바로 알 수 있는 자료를 빈칸에 채웁니다.

② 합계를 이용하여 알 수 있는 자료를 빈칸에 채웁니다.

③ 사용하지 않은 조건을 이용하여 나머지 빈칸을 채웁니다.

최상위
사고력

어느 학교 2학년 학생들이 사는 마을을 조사하여 나타낸 표입니다. ㉠이 ㉡의 2배일 때 ㉠, ㉡에 알맞은 수를 차례로 구하시오.

마을별 학생 수

마을	별빛	산들	달님	해님	가람	두리	합계
남학생 수(명)	4	8	㉠	8		3	36
여학생 수(명)	4	9		6	㉡		37
합계					10	9	73

1 민수, 영호, 지아 세 사람이 가위바위보를 하여 이긴 사람은 ○표, 진 사람은 ✕표하여 나타낸 표입니다. 잘못 설명한 것을 모두 찾아 기호를 쓰시오.

가위바위보를 한 결과

이름 \ 횟수	1	2	3	4	5	6	7
민수	✕	○	✕	✕	✕	✕	○
영호	○	✕	○	○	✕	○	✕
지아	✕	✕	✕	✕	○	✕	✕

㉠ 가장 많이 이긴 사람의 횟수는 4번입니다.
㉡ 승부가 나지 않아 비긴 적이 1번 있습니다.
㉢ 민수는 이긴 횟수보다 진 횟수가 더 많습니다.
㉣ 지아는 4회에 가위바위보를 하여 졌습니다.
㉤ 영호는 민수보다 1번 더 이겼습니다.

2 정우네 모둠 학생들이 회당 1등은 6점, 2등은 3점, 3등은 2점, 4등은 1점을 얻는 게임을 한 결과를 표로 나타내려고 합니다. |조건|에 맞게 보영이의 점수를 구하시오.

게임을 한 결과

이름 \ 횟수	1	2	3	4	5	6	7	점수
정우	1	1	6	2	2			
보영	2	3	3	6	6			
민수	3	6	2	3	1			
진하	6	2	1	1	3			

|조건|
• 민수의 점수가 가장 높습니다.
• 점수가 같은 사람은 없습니다.
• 진하의 점수는 정우의 점수보다 7점 높습니다.

3 4명 학생들의 성별, 학년, 좋아하는 과목, 취미를 조사하여 나타낸 표입니다. |조건|에 맞게 학생들이 여행을 가려고 할 때 같이 갈 수 있는 경우를 모두 고르시오.

이름	승하	유리	기연	민수
성별	여자	여자	남자	남자
학년	3학년	6학년	2학년	4학년
좋아하는 과목	과학	사회	수학	국어
취미	농구	피아노	바이올린	수영

┤조건├
- 취미가 운동인 학생은 수학을 좋아하는 학생과 같이 여행을 갑니다.
- 짝수 학년 학생은 3명으로 여행을 갈 수 없습니다.
- 남자끼리만 여행을 갈 수 없습니다.

① 기연, 민수 ② 승하, 기연 ③ 승하, 기연, 민수

④ 승하, 유리, 민수 ⑤ 승하, 유리, 기연, 민수

TIP 취미가 운동인 학생은 승하와 민수입니다.

13-1. 표와 가짓수

1 1부터 6까지의 수가 적힌 주사위 2개를 던졌을 때 나오는 두 수의 합을 구하려고 합니다. 물음에 답하시오.

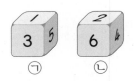

(1) 주사위 2개를 던졌을 때 나오는 두 수의 합을 모두 써넣어 표를 완성하시오.

㉡＼㉠	1	2	3	4	5	6
1	2	3				
2						
3						
4						
5						
6						

(2) 주사위 2개를 던졌을 때 나오는 두 수의 합이 3이 되는 경우는 (1, 2), (2, 1)로 2가지입니다. 나오는 두 수의 합이 6이 되는 경우는 몇 가지입니까?

(3) 주사위 2개를 던졌을 때 가장 많이 나올 것으로 예상할 수 있는 두 수의 합은 얼마입니까?

동전 2개를 던지면 어떤 경우가 가장 많이 나올까?

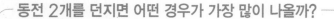

동전 ① \ 동전 ②	앞	뒤
앞	(앞, 앞)	(앞, 뒤)
뒤	(뒤, 앞)	(뒤, 뒤)

앞면이 ㅣ개, 뒷면이 ㅣ개인 경우가 가장 많이 나올 것으로 예상할 수 있습니다.

최상위 사고력

민수와 병호는 과녁에 화살을 ㅣ발씩 쏘려고 합니다. 과녁 밖으로 빗나간 화살이 없다고 할 때 물음에 답하시오.

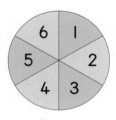

(1) 두 사람의 점수의 차가 **2**점인 경우는 몇 가지입니까?

(2) 가장 많이 나올 것으로 예상할 수 있는 두 사람의 점수의 차는 몇 점입니까?

정답과 풀이 74쪽 ▶

13-2. 연역표

1 상민, 진우, 영호는 |반, 2반, 3반 중 서로 다른 반입니다. 대화를 보고 영호는 몇 반인지 구하시오.

> 상민: 나는 **3**반이 아니야.
> 진우: 나는 |반이 아니야.
> 영호: 진우는 **3**반이 아니야.

2 동호, 미라, 인수, 유리는 혈액형이 모두 다릅니다. 인수의 혈액형은 무엇인지 구하시오.
└─ A형, B형, O형, AB형

> • 미라와 인수의 혈액형은 B형이 아닙니다.
> • 동호의 혈액형은 A형입니다.
> • 미라와 유리는 B형과 AB형 중 하나입니다.

논리 추리를 잘하려면 어떻게 해야 할까?

|조건|

- 세 사람 A, B, C는 빨강, 파랑, 노랑 중 서로 다른 색깔을 좋아합니다.
- A는 빨강을 좋아합니다.
- B는 노랑을 좋아하지 않습니다.

조건2

사람＼색깔	빨강	파랑	노랑
A	○	×	×
B			
C			

조건3

사람＼색깔	빨강	파랑	노랑
A	○	×	×
B			×
C			

조건1

사람＼색깔	빨강	파랑	노랑
A	○	×	×
B		○	×
C			○

조건에 맞게 표로 나타냅니다.

지우, 선영, 민수는 각각 빨간색, 파란색, 노란색 모자 중 하나를 쓰고 있습니다. 세 사람의 몸무게가 다음과 같을 때, 지우, 선영, 민수가 쓴 모자의 색깔을 차례로 구하시오.

- 선영이는 노란색 모자를 쓴 사람보다 무겁습니다.
- 민수는 파란색 모자를 쓴 사람보다 가볍습니다.
- 파란색 모자를 쓴 사람은 지우보다 가볍습니다.

13-3. 표를 그려 문제 해결하기

1 민아네 학교 2학년 1반, 2반 학생 46명이 음식점에 들어갔습니다. 필요한 테이블 수로 가능한 방법은 모두 몇 가지입니까?

> • 4인용 테이블과 6인용 테이블만 있습니다.
> • 자리에 앉았을 때 테이블에 빈 자리가 있으면 안됩니다.

2 달팽이가 깊이 11 m인 우물 바닥에서부터 오르고 있습니다. 낮에는 3 m를 오르고 밤에는 1 m를 미끄러져 내려온다면, 달팽이는 며칠째 되는 날 우물을 빠져나올 수 있습니까?

합이 30이고, 차가 16인 두 수를 구하는 방법은?

가	30	29	28	27	26	25	24	23	......
나	0	1	2	3	4	5	6	7	......
가-나	30	28	26	24	22	20	18	16	......

−2 −2 −2 −2 −2 −2 −2

➡ 따라서 두 수는 **7, 23**입니다.

──── **표**를 그려 구합니다.

최상위 사고력 A

농장에 토끼와 닭이 있습니다. 이 동물들의 다리 수를 세어 보니 모두 40개였습니다. 닭의 수가 토끼의 수의 2배일 때 토끼는 몇 마리입니까?

최상위 사고력 B

10문제인 수학 시험에서 민주는 22점을 받았습니다. 이 시험에서는 한 문제를 맞히면 5점을 얻고 한 문제를 틀리면 2점이 감점됩니다. 민주가 맞힌 문제는 모두 몇 문제입니까? (단, 가장 낮은 점수는 0점입니다.)

1 다음과 같이 점수가 적힌 과녁 2개에 화살을 1발씩 쏘려고 합니다. 과녁 밖으로 빗나간 화살이 없다고 할 때 가장 많이 나올 것으로 예상할 수 있는 점수의 합은 몇 점입니까?

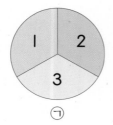
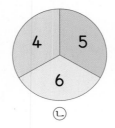

㉠　　　　　㉡

2 불을 켜면 2시간 5분 동안 타는 초가 있습니다. 15분마다 한 개씩 새로운 초에 불을 계속 켤 때 초에 불이 가장 많이 켜지는 것은 몇 개입니까?

3

문제풀이

영민, 지수, 동혁, 민우 네 명의 성은 김, 이, 박, 차 가운데 하나이고 모두 다릅니다. 영민이의 성은 무엇입니까?

> • 영민이의 성은 이씨나 박씨 중 하나입니다.
> • 지수의 성은 김씨나 이씨 중 하나입니다.
> • 동혁이의 성은 김씨나 박씨 중 하나입니다.
> • 이씨는 영민이나 민우의 성 중 하나입니다.

4

거미, 잠자리, 파리가 모두 6마리 있습니다. 거미, 잠자리, 파리의 다리가 40개이고, 날개가 5쌍일 때 잠자리는 몇 마리입니까?

	다리의 수	날개 쌍의 수
거미	8개	0쌍
잠자리	6개	2쌍
파리	6개	1쌍

1 지은이네 학교 2학년 Ⅰ반과 2반 학생들이 좋아하는 동물을 조사하여 나타낸 표입니다. 이 표를 보고 알 수 있는 사실을 모두 찾아 기호를 쓰시오.

좋아하는 동물별 학생 수

동물	캥거루	호랑이	여우	코끼리	독수리	하마	기린	합계
학생 수(명)	5	3	7	6	9	2	12	44

㉠ 여우를 좋아하는 학생은 독수리를 좋아하는 학생보다 적습니다.
㉡ Ⅰ반 학생이 제일 좋아하는 동물은 기린입니다.
㉢ Ⅰ반과 2반 학생은 모두 44명입니다.
㉣ Ⅰ반과 2반 여학생들 중에서 좋아하는 동물이 가장 적은 것은 하마입니다.
㉤ 호랑이는 무서운 동물이라서 학생들이 좋아하지 않습니다.

2 아파트의 자전거 보관소에는 두발자전거와 세발자전거를 합하여 모두 7대가 있습니다. 자전거 바퀴의 수가 모두 17개라면 두발자전거는 몇 대입니까?

3 진혁이네 모둠 학생들이 가지고 있는 연필의 수를 조사하여 나타낸 표입니다. 진혁이보다 연필을 적게 가진 학생이 3명일 때 진혁이가 가진 연필은 몇 자루입니까?

학생별 가지고 있는 연필의 수

9						○	
8						○	
7					○	○	
6	○				○	○	
5	○			○	○	○	○
4	○			○	○	○	○
3	○	○		○	○	○	○
2	○	○		○	○	○	○
1	○	○		○	○	○	○
연필의 수 (자루) / 이름	미호	성우	진혁	혜수	보라	소미	병철

4 다음과 같이 점수가 적힌 과녁에 화살 2발을 쏘려고 합니다. 과녁 밖으로 빗나간 화살이 없다고 할 때, 가장 많이 나올 것 같은 점수의 합은 몇 점입니까?

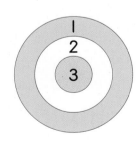

정답과 풀이 79쪽 ▶

5 승호, 민하, 지영의 성은 김, 이, 박 중 하나이고, 그들의 나이는 8살, 9살, 10살 중 하나입니다. 승호는 민하와 이씨 성을 가진 학생보다 어리고, 박씨 성을 가진 학생은 이씨 성을 가진 학생보다 나이가 많다고 할 때 민하의 성은 무엇이고 나이는 몇 살인지 차례로 쓰시오.

6 승우네 모둠 학생들이 한 번에 넘은 줄넘기 횟수를 조사하여 나타낸 표입니다. |조건|을 보고 승우가 넘은 줄넘기 횟수를 구하시오.

줄넘기 횟수

이름	횟수(번)	이름	횟수(번)	이름	횟수(번)
혜리	21	성우	50	유나	55
기태	36	나영	49	승우	
동연	20	민수	38	한영	6
소유	64	효선	15	상호	34

┤조건├
• 승우는 줄넘기를 효선이보다 많이 넘었고, 기태보다 적게 넘었습니다.
• 모든 사람들을 두 사람씩 짝을 지은 후 줄넘기 횟수를 더했더니 합이 모두 같았습니다.

정답과 풀이 79쪽 ▶

규칙

14-1. 모양의 규칙

1 규칙을 찾아 빈 곳에 알맞은 모양을 그리시오.

(1)

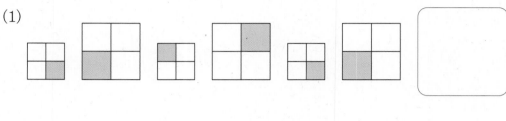

(2)

2 규칙을 찾아 12번째에 알맞은 모양을 그리시오.

▲ □ ■ △ ■ □ ▲ □ ......
■ △ ■ △ ■ △ ■ △

이중 패턴의 규칙을 어떻게 찾을까?

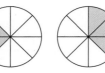

개수	2개	1개	2개	1개	2개	1개	2개	1개	2개
색깔	빨강	파랑	노랑	빨강	파랑	노랑	빨강	파랑	노랑

➡ 개수는 2개, 1개가 되풀이 되고, 색깔은 빨강, 파랑, 노랑이 되풀이 됩니다.

모양, 색깔, 개수, 방향 등 각각의 속성별로 규칙을 찾습니다.

최상위 사고력

규칙을 찾아 빈 곳에 알맞은 모양을 완성하시오.

(1)

(2)

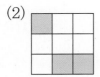

정답과 풀이 81쪽 ▶

14-2. 바둑돌의 규칙

1 규칙에 따라 바둑돌을 놓고 있습니다. 9번째 모양에는 검은 바둑돌이 흰 바둑돌보다 몇 개 더 많이 놓입니까?

2 규칙에 따라 바둑돌을 놓고 있습니다. 가로와 세로에 바둑돌이 각각 12개씩 되도록 놓으면 흰 바둑돌과 검은 바둑돌 중 어느 바둑돌이 몇 개 더 많이 놓입니까?

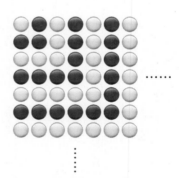

흰 바둑돌과 검은 바둑돌의 개수의 차는 어떻게 구할까?

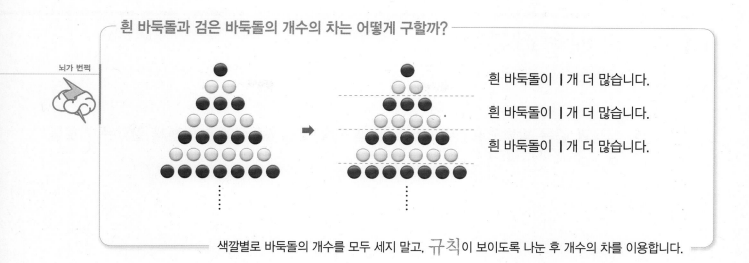

흰 바둑돌이 1개 더 많습니다.

흰 바둑돌이 1개 더 많습니다.

흰 바둑돌이 1개 더 많습니다.

색깔별로 바둑돌의 개수를 모두 세지 말고, 규칙이 보이도록 나눈 후 개수의 차를 이용합니다.

규칙에 따라 바둑돌을 놓고 있습니다. 흰 바둑돌이 검은 바둑돌보다 처음으로 10개 더 많을 때 검은 바둑돌은 몇 개입니까?

(1)  ‥‥‥

(2)  ‥‥‥

정답과 풀이 82쪽 ▶

14-3. 수 배열의 규칙

1 다음과 같은 방법으로 수를 놓을 때, 45는 어느 꼭짓점에 놓이는지 알맞은 기호를 쓰시오.

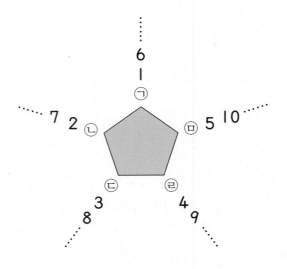

2 다음과 같은 방법으로 수를 셀 때, 50은 어느 손가락으로 세는지 쓰시오.

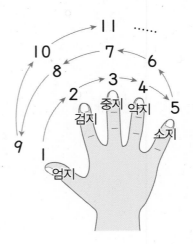

수 배열표에서 규칙을 찾는 방법은?

전체적인 수 배열의 규칙 찾기

1	4	9	16	25
2	3	8	15	24
5	6	7	14	23
10	11	12	13	22
17	18	19	20	21

......

부분적인 수 배열의 규칙 찾기

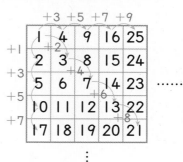

......

최상위 사고력

다음과 같은 방법으로 삼각형 모양으로 선을 그으며 1부터 수를 쓰고 있습니다. 첫 번째 선에서 첫째 수는 1이고, 둘째 수는 2입니다. 두 번째 선에서 첫째 수는 2, 둘째 수는 3, 셋째 수는 4입니다. 물음에 답하시오.

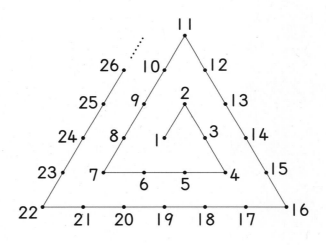

(1) 9번째 선에서 넷째 수는 얼마입니까?

(2) 72는 몇 번째 선에서 몇 째 수입니까?

정답과 풀이 83쪽 ▶

1 규칙을 찾아 빈 곳에 알맞은 모양을 그리시오.

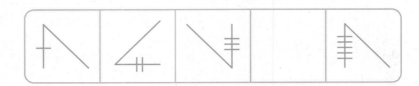

2 규칙을 찾아 20번째에 알맞은 모양을 그리시오.

3

규칙을 찾아 빈 곳에 알맞게 색칠하시오.

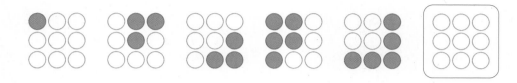

| 경시대회 기출 |

4

규칙에 따라 수를 써넣은 표입니다. 2행 3열의 수는 8, 4행 1열의 수는 10입니다.
95는 몇 행 몇 열의 수입니까?

	1열	2열	3열	4열	5열
1행	1	4	9	16	25
2행	2	3	8	15	24
3행	5	6	7	14	23	……
4행	10	11	12	13	22
5행	17	18	19	20	21

정답과 풀이 84쪽 ▶

15-1. 연산 규칙

1 다음과 같은 기계에 귤 8개를 넣으면 나오는 귤은 몇 개입니까?

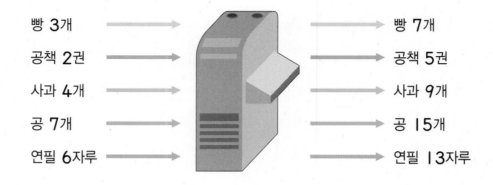

빵 3개 ➡ ➡ 빵 **7**개

공책 2권 ➡ ➡ 공책 5권

사과 **4**개 ➡ ➡ 사과 **9**개

공 **7**개 ➡ ➡ 공 **15**개

연필 6자루 ➡ ➡ 연필 **13**자루

땀이 뻘뻘

2 |보기|를 보고 기호 ★의 규칙을 찾아 다음을 계산하시오.

┤보기├

3★2=4   2★6=10   5★3=12   4★6=20

(1) 3★6   (2) 9★4

모양이 나타내는 규칙을 어떻게 찾을까?

뇌가 번쩍

$2 ◆ 1 = 2$
$2 ◆ 3 = 4$
$4 ◆ 6 = 9$

① 한 가지 연산 규칙으로 적용해 보기

$2 + 1 = 3$ $2 + 3 = 5$ $4 + 6 = 10$ (×)
$2 - 1 = 1$ $3 - 2 = 1$ $6 - 4 = 2$ (×)
$2 × 1 = 2$ $2 × 3 = 6$ $4 × 6 = 24$ (×)

② ①의 계산 결과에 어떤 수를 더하거나 빼 보기

$(2 + 1) - 1 = 2$ $(2 + 3) - 1 = 4$ $(4 + 6) - 1 = 9$

➡ ㉮ ◆ ㉯ = ㉮ + ㉯ - 1

$+$, $-$, $×$ 를 사용하여 규칙을 찾습니다.

최상위 사고력

|보기|를 보고 기호 ▲의 규칙을 찾아 빈 곳에 알맞은 수 또는 말을 써넣으시오.

|보기|

$4 ▲ 4 = 0$ ➡ 예 $8 ▲ 7 = 1$ ➡ 예
$5 ▲ 2 = 3$ ➡ 아니오 $2 ▲ 4 = 4$ ➡ 예
$7 ▲ 3 = 16$ ➡ 예 $1 ▲ 6 = 7$ ➡ 아니오

(1) $8 ▲ 5 = \boxed{}$ ➡ 예

(2) $5 ▲ 10 = 20$ ➡ _____

(3) $4 ▲ \boxed{} = 25$ ➡ 예

15-2. 모양 약속

1 |보기|를 보고 규칙을 찾아 주어진 기호가 나타내는 선을 그리시오.

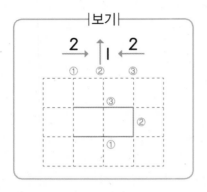

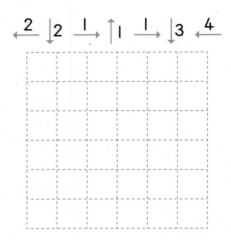

2 |보기|를 보고 규칙을 찾아 주어진 모양이 나타내는 수를 구하시오.

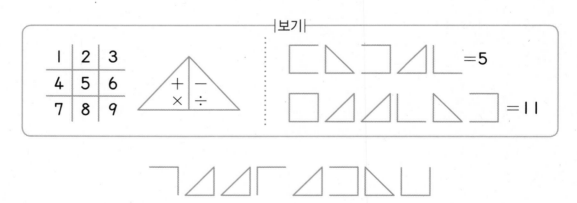

최상위
사고력
A

규칙을 찾아 ㉠에 알맞은 수를 구하시오.

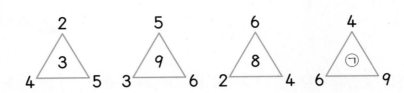

최상위
사고력
B

|보기|를 보고 규칙을 찾아 ㉠, ㉡, ㉢에 알맞은 수를 차례로 구하시오.

┌─────|보기|─────┐
$5 → 1 → 5 → 10$

$8 → 4 → 20 → 52$

$7 → 3 → 15 → 36$

$10 → 6 → 30 → 90$

$9 → ㉠ → ㉡ → ㉢$
└───────────────┘

정답과 풀이 87쪽 ▶

15-3. 규칙 찾아 해결하기

1 다음과 같은 규칙으로 도형을 나누려고 합니다. 9번째 도형에서 나누어진 삼각형은 모두 몇 개입니까?

   ......

2 다음과 같은 규칙으로 실을 가위로 잘라 여러 도막으로 나누려고 합니다. 10번 잘랐을 때 실은 모두 몇 도막으로 나누어집니까?

   ......

1번   2번   3번

복잡한 모양에서 모양의 개수는 어떻게 구할까?

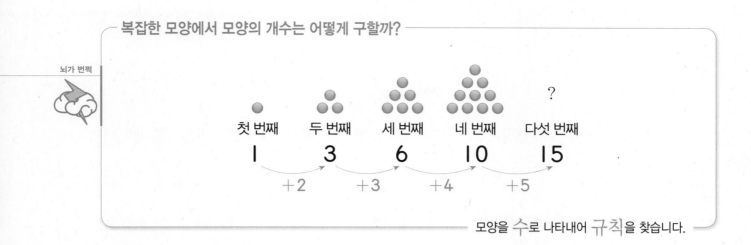

모양을 **수**로 나타내어 규칙을 찾습니다.

최상위 사고력 A

다음과 같은 규칙으로 구슬을 쌓으려고 합니다. 7층으로 쌓았을 때 구슬은 모두 몇 개입니까?

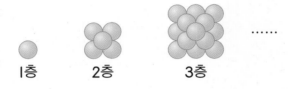

최상위 사고력 B

다음과 같은 규칙으로 원을 그리려고 합니다. 7번째 그림에서 그린 원은 모두 몇 개입니까?

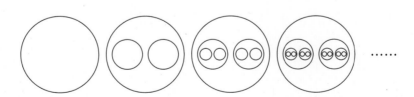

정답과 풀이 88쪽 ▶

1 규칙에 따라 바둑돌을 놓고 있습니다. 8번째에 놓이는 바둑돌은 모두 몇 개입니까?

......

2 규칙을 찾아 빈칸에 알맞은 수를 써넣으시오.

⊙	3	4	5	6
2	6	8	1	3
3	9			
4			2	6
5	6	2		3

3 다음과 같이 기호 ♥를 약속하였습니다. ♥13 − ♥8 = ♥ⓒ일 때 ⓒ에 알맞은 수를 구하시오.

> ♥㉠: 1부터 ㉠까지 모든 자연수의 합 **예** ♥5 = 1 + 2 + 3 + 4 + 5

4 |보기|를 보고 규칙을 찾아 빈칸에 알맞은 수를 써넣으시오.

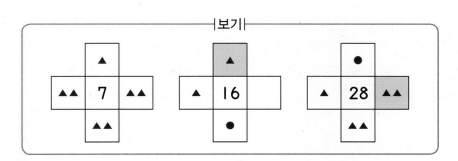

1 규칙을 찾아 빈 곳에 알맞은 모양을 완성하시오.

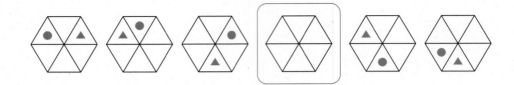

2 다음과 같은 규칙으로 실을 가위로 잘라 여러 도막으로 나누려고 합니다. 5번 잘랐을 때 실은 모두 몇 도막으로 나누어집니까?

1번

2번

3번

......

정답과 풀이 90쪽 ▶

3 다음 칸에 쓰여진 수들의 규칙을 찾아 빈칸에 알맞은 수를 써넣으시오.

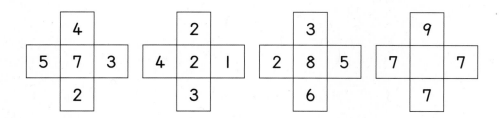

4 다음과 같은 규칙으로 그림을 그리려고 합니다. 9번째 그림에서 ▲의 개수는 ▽의 개수보다 몇 개 더 많습니까?

   ……

5 다음과 같은 규칙으로 점을 찍어 그림을 그리려고 합니다. 5번째 그림에서 점은 모두 몇 개입니까?

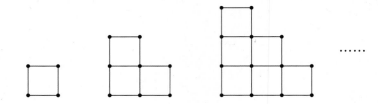

6 수지와 민우가 수를 말하면 승하가 규칙에 맞는 수를 말합니다. 빈칸에 알맞은 수를 써 넣으시오.

횟수	수지	민우	승하
1	2	4	8
2	1	6	7
3	3	2	11
4	4	5	21
5	6	3	39
6	5	7	

04 길이가 **6**m인 막대를 길이가 **1**m **20**cm인 도막으로 똑같이 잘라야 할 것을 잘못하여 길이가 □cm인 도막으로 똑같이 잘랐더니 도막 **1**개가 적었습니다. 잘못 자른 한 도막의 길이는 몇 cm입니까?

05 다음과 같이 긴바늘과 짧은바늘이 겹쳐지는 경우는 오전 **7**시부터 오후 **7**시까지 몇 번입니까?

06 규칙을 찾아 □ 안에 알맞은 수를 써넣으시오.

$$1 ★ 2 = 4 \quad 3 ★ 4 = 10 \quad 6 ★ 3 = 15 \quad 7 ★ 6 = 20$$

$$8 ★ \boxed{} = 30$$

01 가에서 출발 점 ㉠과 ㉡을 차례로 지나 나까지 가려고 합니다. 가장 짧은 길은 모두 몇 가지입니까?

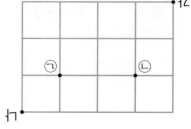

02 4장의 수 카드를 한 번씩 사용하여 만들 수 있는 수 중에서 큰 수부터 6번째로 큰 수를 구하시오.

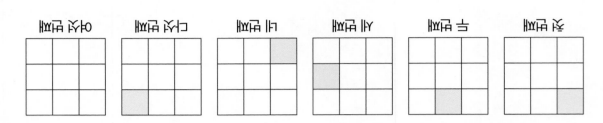

03 규칙을 찾아 여섯 번째에 올 모양을 빈칸에 알맞게 색칠하시오.

| 첫 번째 | 두 번째 | 세 번째 | 네 번째 | 다섯 번째 | 여섯 번째 |

09 민수는 종이 위에 1부터 200까지의 수를 차례로 썼습니다. 민수는 1을 모두 몇 번 썼는지 구하시오.

10 곱셈구구표에서 3번 나오는 수를 모두 쓰시오.

07 세로가 **8**cm인 사각형 위에 네 변의 길이가 Ⅰcm로 모두 같은 타일을 빈틈없이 깔았습니다. ㉠에는 Ⅰ2개, ㉣에는 Ⅰ8개의 타일이 들어 있을 때 ㉡과 ㉢에 있는 타일의 수가 가장 큰 값은 몇 개입니까?

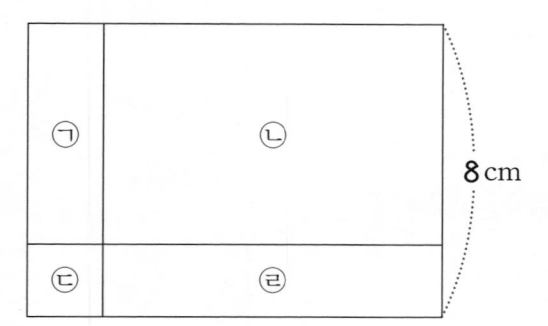

08 진우, 형진, 명호, 수지는 혈액형이 모두 다릅니다. 명호의 혈액형은 무엇입니까?

— A형, B형, AB형, O형

- 형진이와 명호의 혈액형은 A형이 아닙니다.
- 진우의 혈액형은 B형이 아닙니다.
- 수지와 형진이는 A형과 O형 중 하나입니다.

Final 평가 2회

01 길이가 25 cm인 막대를 한 번 잘라 두 도막을 만들었습니다. 두 도막을 대어 보았더니 한 쪽이 다른 쪽보다 7 cm 더 길었습니다. 긴 도막의 길이는 몇 cm입니까?

02 몇씩 뛰어서 센 수를 카드에 적어 놓았습니다. 뒤집힌 카드에 알맞은 수를 작은 수부터 차례로 쓰시오.

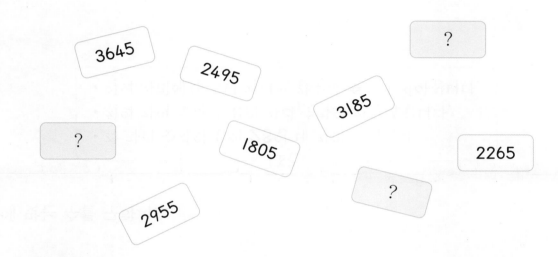

03 고장난 시계가 2개 있습니다. 한 시계는 1시간에 3분씩 빠르게 가고, 다른 시계는 1시간에 5분씩 느리게 갑니다. 어느 날 두 시계를 오전 8시에 정확히 맞추어 놓고, 그날 오후 5시에 본다면 두 시계가 가리키고 있는 시각의 차이는 몇 시간 몇 분입니까?

04 곱셈표를 수의 순서에 상관없이 쓴 것입니다. 색칠된 칸에 1부터 9까지의 수 중 알맞은 수를 써 넣어 곱셈표를 완성하시오.

×				
			6	
		24	12	
			21	
	45			72

05 다음 |조건|에 맞는 수를 구하시오.

|조건|
- 각 자리 숫자의 합이 **28**인 네 자리 수입니다.
- 천의 자리 숫자와 십의 자리 숫자의 차는 **4**입니다.
- 일의 자리에서 천의 자리로 갈수록 숫자가 작아집니다.

06 승호, 지원, 정우, 민아가 달리기를 하고 있습니다. 지원이는 정우보다 **8 m**만큼 앞섰고, 민아보다는 **15 m**만큼 앞섰습니다. 민아는 승호보다 **10 m**만큼 뒤떨어져 있다면 승호와 정우 사이의 거리는 몇 m인지 구하시오.

07 디지털 시계는 수 **4**개로 시각을 나타냅니다. 다음은 디지털 시계에 표시된 수의 합이 **6**이 되는 때입니다. 오전 **1**시부터 오전 **7**시까지 **4**개의 수의 합이 **6**이 되는 경우는 모두 몇 번입니까?

08 곱셈구구표에 **0**이 있는 수는 모두 몇 개입니까?

09 빈칸에 주어진 수 카드를 한 번씩 써넣어 퍼즐을 완성하시오.

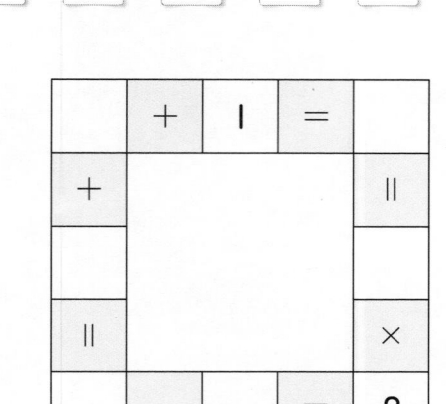

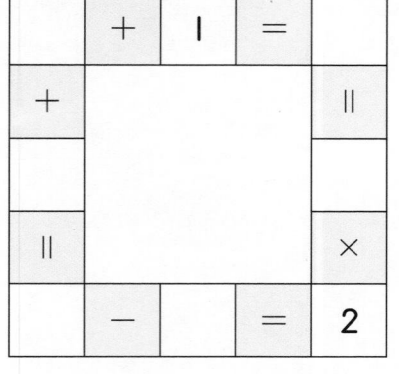

10 일정한 규칙으로 바둑돌을 놓을 때 23번째에 놓인 바둑돌에는 흰 바둑돌과 검은 바둑돌 중 어느 것이 몇 개 더 많습니까?

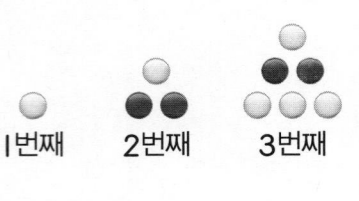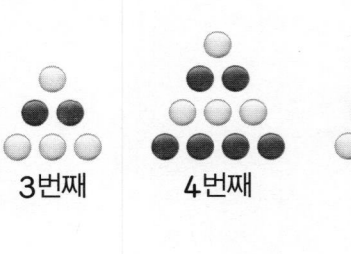

최상위
연산은
수학이다.

1~6학년 (학기용)

단순 계산이 아닌
수학 원리를
알아가는
수학 공부의 첫 걸음,
같아 보이지만
완전히 다른 연산!

초등수학은 디딤돌!

아이의 학습 능력과 학습 목표에 따라
맞춤 선택을 할 수 있도록
다양한 교재를 제공합니다.

문제해결력 강화 문제유형, 응용

개념 다지기 원리, 기본

연산력 강화

최상위 연산

개념 + 문제해결력 강화를 동시에

기본+유형, 기본+응용

정답과 풀이

초등 **2B**

상위권의 기준

최상위 사고력

초등 **2B**

수학 좀 한다면

디딤돌

SPEED 정답 체크

최상위 사고력

Ⅰ 수

최상위 사고력 1 네 자리 수 만들기 | 10~17쪽

1-1. 각 자리 숫자와 자릿수

1

3	2	6		6	
2		4	0	7	0
5	3	6		1	
	0		4	5	3
4	6	3	0		4
	9		2	7	

최상위 사고력 (1) SS, SBB (2) 2750

1-2. 수 만들기

1 (왼쪽에서부터) 7013, 7031, 7103, 7130, 7301, 7310 / 1037, 1073, 1307, 1370, 1703, 1730

최상위 사고력 A 12개

최상위 사고력 B 16개

1-3. 모르는 수 찾기

1 4, 3 / 6, 1 / 8, 3 / 7 / 8, 2, 3 / 8, 9, 3

2 2585, 3200, 3815

최상위 사고력 7986원

| 최상위 사고력 |

1 455, 255, 245   **2** 9번째

3 (1) 1203 → 323 → 55 → 10 → 1

(2) 914, 823, 732, 641, 550

최상위 사고력 2 조건과 수 | 18~25쪽

2-1. 조건을 만족하는 수

1

㉠1	4	7		◎4	
0		㉣7	5	3	1
0				2	
㉤9	㉢8	8	9	㉥1	㉧9
	9				9
	9	㉦9	3	1	9
㉢1	0	0	1		

최상위 사고력 A 4589

최상위 사고력 B 12개

2-2. 오름수, 내림수, 대칭수

1 (1) (   ) (나) (가) (   ) (가) (   ) (나)

(2) 9876, 3210 (3) 5개

최상위 사고력 A 60개

최상위 사고력 B 1359

2-3. 수와 숫자의 개수

1 17개

2 38개

최상위 사고력 (1) 100번 (2) 91번

| 최상위 사고력 |

1 10개   **2** 15개

3 2210원   **4** 28개

---

1 정답과 풀이

1 ②

2 7570, 5770

3 14개

4 1403, 1502, 2501, 3401

5 9412

6 51번

Ⅱ 곱셈구구

최상위 사고력 **3** 곱셈구구 | 30~37쪽

3-1. 곱셈식 만들기

1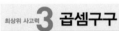

2 1, 8(또는 8, 1) / 3, 5(또는 5, 3) / 2, 9(또는 9, 2) / 4, 6(또는 6, 4)

최상위 사고력 (위에서부터) 3, 2, 8 / 8, 2, 2 / 6, 4, 9

3-2. 타일 나누기

1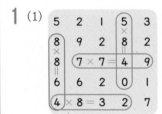

최상위 사고력 (1) 55개 (2) 126개

3-3. 곱셈 퍼즐

1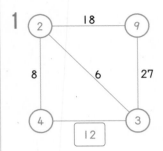

2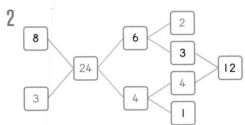

최상위 사고력 (1)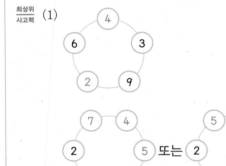

(2) 예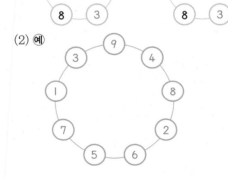

최상위 사고력

1 18, 8

2

3	×	8	×	2	=	48
×				×		
1	×	7	×	4	=	28
×		×		×		
5		9		6		
‖		‖		‖		
15		63		48		

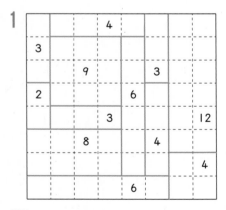

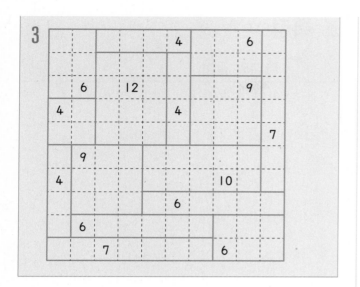

3

4-3. 각 단의 일의 자리 숫자의 규칙

1 5단 / 4단, 6단, 8단 / 1단, 3단, 7단, 9단

2 18, 36, 54, 72

최상위 사고력 (1) 6×23, 8 (2) 6×35, 0

최상위 사고력

1 (1)

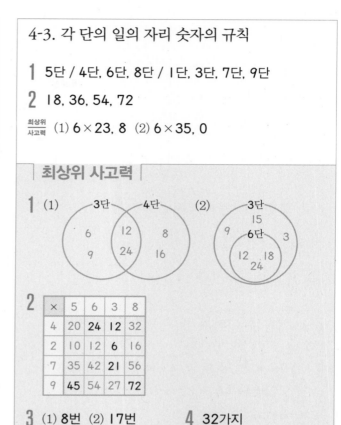

2

×	5	6	3	8
4	20	24	12	32
2	10	12	6	16
7	35	42	21	56
9	45	54	27	72

3 (1) 8번 (2) 17번   **4** 32가지

최상위 사고력 4 곱셈구구표 |38~45쪽

4-1. 곱셈구구표 완성하기

1 (1)

12
15
18
21

24	32	40	48

(2)

6	12	18	24
7	14	21	28

8
9

(3)

24	27
28	32

30	35
30	36

(4)

48

49	56	63
56		72
54	63	81

최상위 사고력 20, 40, 28, 72

4-2. 곱셈구구표에 나오는 수의 개수

1

수	곱셈식	나오는 횟수(번)
4	1×4, 2×2, 4×1	3
6	1×6, 2×3, 3×2, 6×1	4
15	3×5, 5×3	2
24	3×8, 4×6, 6×4, 8×3	4
49	7×7	1

2 1, 25, 49, 64, 81

최상위 사고력 (1) 6, 8, 12, 18, 24
(2) 1, 4, 9, 16, 25, 36, 49, 64, 81

최상위 사고력 5 곱셈구구의 활용 |46~53쪽

5-1. 경우의 수 구하기

1 12가지   **2** 8가지

최상위 사고력 12가지

5-2. 만들 수 있는 수의 개수 구하기

1 진희, 미라, 지연, 수영

최상위 사고력 A 18개   **최상위 사고력 B** 81개

5-3. 복잡한 덧셈하기

1 9, 63   **2** 9, 9, 81

최상위 사고력 (1) 35 (2) 54 (3) 64

최상위 사고력

1 9, 9, 81   **2** 12가지

3 20개   **4** 12개

6-1. 기호를 사용하여 나타내기

1 (위에서부터) 45 / 25, 24, 21, 27 / 5, 4, 3, 3

2 5◆8=24, 2◆6=24

최상위 사고력 (1) 21, 54 (2) 예 ◎○○○, ◎○

6-2. 조건에 맞는 수 찾기

1 237 **2** 6, 2, 4

최상위 사고력 0, 2, 3, 1, 4, 6, 5

6-3. 처음 수 구하기

1 (1) 76 ➡ 42 ➡ 8, 2 / 47 ➡ 28 ➡ 16 ➡ 6, 3
/ 246 ➡ 48 ➡ 32 ➡ 6, 3

(2) 77

최상위 사고력 A 5

최상위 사고력 B 10개

최상위 사고력

1 5, 2, 6, 3

2

24×			4+
3	4	2	1
8× 4	6+ 2	1	3
2	1	3	8× 4
12× 1	3	4	2

3 (1) 8 (2) 2

4 예 1+7=8(또는 7+1=8) / 9−5=4
(또는 9−4=5) / 2×3=6(또는 3×2=6)

Review **II** 연산 | 62~65쪽

1 8, 2, 4 / 3, 1, 5 **2** 7

3 15개

4 (위에서부터) 21, 24 / 24 / 30, 35 / 36, 42

5 (1) 5단 (2) 4, 9, 16, 36

6 56, 35

8 24개

7

3	8	2	48
5	1	7	35
1	9	2	18
15	72	28	

III 측정(1)

7-1. 길이의 차와 막대의 길이

1 14m **2** 80cm

최상위 사고력 13cm

7-2. 띄어 만든 길이, 겹쳐 만든 길이

1 380cm **2** 42cm

최상위 사고력 3m

7-3. 잴 수 있는 길이

1 9가지 **2** ②, ④

최상위 사고력 1cm, 3cm, 9cm

최상위 사고력

1 10 **2** 15가지

3 1m, 3m, 7m **4** 12번

8-1. 두 점 사이의 길이

1 10

2 60m, 180m, 110m

최상위 사고력 9m 60cm, 5m 40cm, 3m, 1m 20cm

8-2. 가장 짧은 길의 가짓수

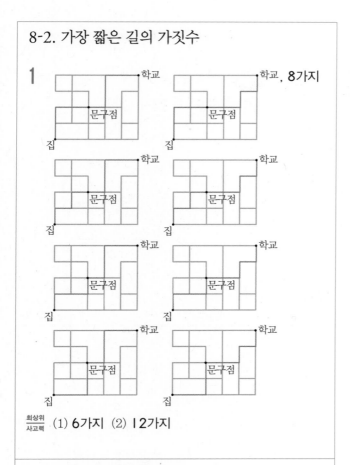

1 학교, 8가지

_{최상위
사고력} (1) 6가지 (2) 12가지

8-3. 효율적으로 이동하기

1 (1) 집 → 도서관 → 공원 → 병원, 23 m

(2) 집 → 공원 → 도서관 → 학교, 28 m

_{최상위
사고력} H→F→C→B→D→A→G→E→H 또는

H→E→G→A→D→B→C→F→H, 175 m

최상위 사고력

1 130 m, 30 m   2 5 cm

3 서쪽으로 26 m, 남쪽으로 14 m

4 55 cm

| Review III 측정(1) | | 84~86쪽 |

1 50   2 21 cm

3 2 m   4 13가지

5 40 cm   6 12가지

Ⅳ 측정(2)

_{최상위 사고력}**9 시계 탐구** | 88~95쪽

9-1. 거울에 비친 시계

1 1시, 5시, 7시, 11시 / 2시, 4시, 8시, 10시

/ 3시, 9시

_{최상위
사고력
A} 5시 10분, 6시 50분

_{최상위
사고력
B} 2시, 5시, 8시, 11시

9-2. 디지털 시계

1

08:80	05:50	00:01
01:01	02:21	03:30
09:90	05:50	20:02

2 15번   _{최상위
사고력} 19번

9-3. 시계와 규칙

1 (1) 26번 (2) 42번   2 11번

_{최상위
사고력} 7번

최상위 사고력

1 5시 59분   2 23번

3 22번

4 오후 2시 30분, 오후 5시 30분, 오후 6시 30분,

오후 8시 30분

_{최상위 사고력}**10 시각과 시간** | 96~103쪽

10-1. 기차와 시간

1 (위에서부터) 9:50 / 10:05, 11:25

2 1시간 10분, 10분, 20분, 1시간 20분

_{최상위
사고력} (위에서부터) 30분 / 20분 / 25분, 75분

/ 55분, 75분

10-2. 낮과 밤의 시간

1 14시간

2 80분

최상위 사고력 A 오후 6시 30분

최상위 사고력 B 오전 5시 55분

10-3. 고장난 시계

1 12시 5분

2 120분

최상위 사고력 4월 7일 오전 10시 36분

최상위 사고력

1 7대

2 35번

3 24시간

4 오후 5시 55분

11-3. 여러 가지 시계 표현

1 (1) 미시 정각, 묘시 이각, 신시 사각

　(2) 9시 45분, 2시 45분, 12시 15분

최상위 사고력 4시 10분

최상위 사고력

1 ④

2 금요일, 토요일

3 4일

4 23시간 50분

Review Ⅳ 측정(2) | 112~115쪽

1 75

2 1시 23분

3 5번

4 4월 20일 오전 7시 30분

5 오후 6시 50분

6 156번

7 8일 후

8 3시간 후

최상위 사고력 11 시차와 달력 | 104~111쪽

11-1. 시차

1

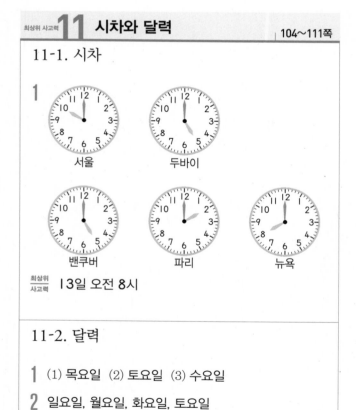

서울　　두바이

밴쿠버　파리　뉴욕

최상위 사고력 13일 오전 8시

11-2. 달력

1 (1) 목요일 (2) 토요일 (3) 수요일

2 일요일, 월요일, 화요일, 토요일

최상위 사고력 A 일요일

최상위 사고력 B ■＝22, ▲＝28

Ⅴ 확률과 통계

최상위 사고력 12 표와 그래프 | 118~125쪽

12-1. 표를 완성하고 해석하기

1 (1) 3, 6, 2, 5, 1, 4, 7, 28 (2) ㉡, ㉢

최상위 사고력 (1) (위에서부터) 수학, 통합, 2 (2) ㉡, ㉣, ㉤

12-2. 그래프를 완성하고 해석하기

1 (1) 좋아하는 색깔별 학생 수

학생 수(명) \ 색깔	빨강	파랑	노랑	초록	보라	분홍
7			○			
6			○			
5	○		○			
4	○		○		○	
3	○	○	○	○	○	
2	○	○	○	○	○	○
1	○	○	○	○	○	○

(2) ㉢, ㉤

최상위 사고력 (1) 좋아하는 채소별 학생 수

학생 수(명) \ 채소	오이	감자	고구마	당근	양배추	토마토
7			○			
6		○	○			
5			○			○
4	○	○	○			○
3	○	○	○	○		○
2	○	○	○	○	○	○
1	○	○	○	○	○	○

(2) ㉢, ㉤

12-3. 조건과 표

1 5, 4, 7, 8　　　　**2** 9, 4, 1

최상위 사고력 6, 3

최상위 사고력

1 ㉡, ㉤　　　　**2** 23점

3 ②, ⑤

13-1. 표와 가짓수

1 (1)

ㄴ \ ㄱ	1	2	3	4	5	6
1	2	3	4	5	6	7
2	3	4	5	6	7	8
3	4	5	6	7	8	9
4	5	6	7	8	9	10
5	6	7	8	9	10	11
6	7	8	9	10	11	12

(2) 5가지　(3) 7

최상위 사고력 (1) 8가지　(2) 1점

13-2. 연역표

1 3반　　　　**2** O형

최상위 사고력 빨간색, 파란색, 노란색

13-3. 표를 그려 문제 해결하기

1 4가지　　　　**2** 5일

최상위 사고력 A 5마리　　**최상위 사고력 B** 6문제

최상위 사고력

1 7점　　　　**2** 9개

3 이씨　　　　**4** 1마리

Review Ⅴ 확률과 통계 | 134~136쪽

1 ㉠, ㉢　　　　**2** 4대

3 6자루　　　　**4** 4점

5 박씨, 10살　　**6** 32번

VI 규칙

최상위 사고력 14 여러 가지 규칙 | 138~145쪽

14-1. 모양의 규칙

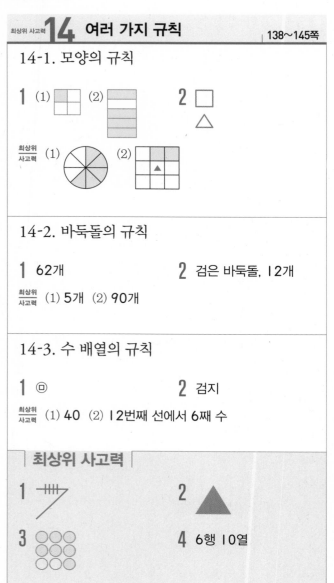

1 (1) (2)

2 □ △

최상위 사고력 (1) (2)

14-2. 바둑돌의 규칙

1 62개   **2** 검은 바둑돌, 12개

최상위 사고력 (1) 5개 (2) 90개

14-3. 수 배열의 규칙

1 ㅁ   **2** 검지

최상위 사고력 (1) 40 (2) 12번째 선에서 6째 수

최상위 사고력

1   **2** ▲

3 ○○○ ○○○ ○○○   **4** 6행 10열

최상위 사고력 15 규칙과 문제 해결 | 146~153쪽

15-1. 연산 규칙

1 17개   **2** (1) 15 (2) 32

최상위 사고력 (1) 9 (2) 아니오 (3) 9

15-2. 모양 약속

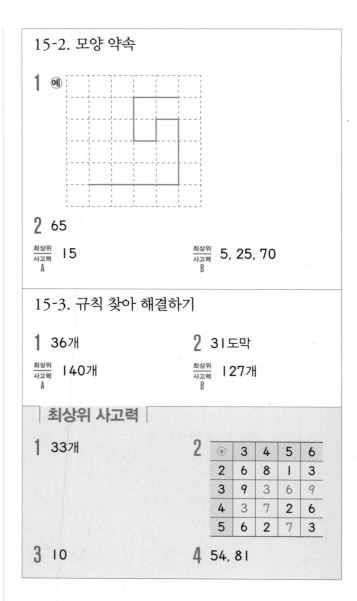

1 (예)

2 65

최상위 사고력 A 15   **최상위 사고력 B** 5, 25, 70

15-3. 규칙 찾아 해결하기

1 36개   **2** 31도막

최상위 사고력 A 140개   **최상위 사고력 B** 127개

최상위 사고력

1 33개

2

☉	3	4	5	6
2	6	8	1	3
3	9	3	6	9
4	3	7	2	6
5	6	2	7	3

3 10   **4** 54, 81

Review VI 규칙 | 154~156쪽

1 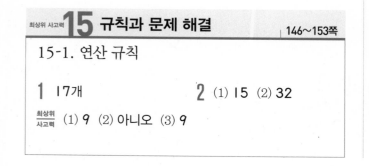   **2** 21도막

3 14   **4** 10개

5 26개   **6** 32

Final 평가

1회

01 6가지　　　　**02** 7025

03

▨		

04 150 cm

05 11번　　　　**06** 14

07 58개　　　　**08** B형

09 140번　　　　**10** 4, 9, 16, 36

2회

01 16 cm　　**02** 2035, 2725, 3415

03 1시간 12분

04

×	5	6	3	8
2	10	12	6	16
4	20	24	12	32
7	35	42	21	56
9	45	54	27	72

05 4789　　　　**06** 3 m

07 21번　　　　**08** 8개

09

5	+	1	=	6
+				=
4				3
=				×
9	−	7	=	2

10 12개

I 수

2학년 1학기에 배운 세 자리 수에 이어 네 자리 수를 학습합니다. 우리는 일상생활 속에서 수없이 수를 접하지만 의외로 수의 원리와 수의 계열에 대해 잘 모르는 경우가 많습니다.

세 자리 수에서 느끼지 못했던 수의 편리함과 유용함을 느껴보고 수가 구성된 원리를 다시 한번 짚어보는 시간을 갖도록 합니다.

1 네 자리 수 만들기에서는 간단한 조건 속에서 네 자리 수를 만들어 보고 **2** 조건과 수에서는 다양한 조건 속에서 수를 구성해 봅니다.

최상위 사고력 **1** 네 자리 수 만들기

1-1. 각 자리 숫자와 자릿수 10~11쪽

1

3	2	6		6	
2		4	0	7	0
5	3	6		1	
	0		4	5	3
4	6	3	0		4
	9		2	7	

최상위 사고력 (1) SS, SBB (2) **2750**

> **저자 톡!** 네 자리 수의 수 체계를 가로·세로 퍼즐과 네 자리 수 맞히기 게임을 통해 알아봅니다.

1

3	2	6		㉠6	
2		4	0	7	0
5	3	6		1	
	0	㉣	4	5	㉡3
4	6	3	0		4
	9	㉢	2	7	

해결 전략
가로, 세로가 만나는 칸에 공통으로 들어가는 수를 이용합니다.

㉠ 일의 자리 숫자가 5인 네 자리 수는 6715입니다.

㉡ 십의 자리 숫자가 3인 두 자리 수는 34입니다.

㉢ 남은 두 자리 수는 27입니다.

㉣ 백의 자리 숫자가 4이고, 일의 자리 숫자가 2인 세 자리 수는 402 입니다.

이와 같은 방법으로 나머지 칸도 채웁니다.

최상위 사고력 (1) • 6234는 5294와 2, 4가 숫자와 자리가 같으므로 SS로 나타냅니다.

• 5329는 5294와 2, 9가 숫자는 같지만 자리가 다르고 5가 숫자와 자리가 같으므로 SBB로 나타냅니다.

(2) 1486과 같은 숫자가 하나도 없으므로 1, 4, 6, 8을 제외한 6개
의 숫자 0, 2, 3, 5, 7, 9만 들어갑니다.

8205는 BBB로 숫자는 같지만 자리가 다른 숫자가 3개 있는데 8
은 들어갈 수 없으므로 진희가 생각한 수에는 2, 0, 5가 반드시 들
어갑니다.

2657은 SSB로 같은 숫자가 3개 있는데 2와 5가 반드시 들어가
고 6은 들어갈 수 없으므로 7이 반드시 들어가야 합니다. 진희가
생각한 수는 0, 2, 5, 7로 만든 수입니다.

6743은 S로 7은 진희가 생각한 수의 백의 자리 숫자입니다.
2657은 SSB로 7이 일의 자리에 있으므로 B이고, 나머지 숫자가
SS이므로 2는 진희가 생각한 수의 천의 자리 숫자이고, 5는 진희
가 생각한 수의 십의 자리 숫자입니다.

사용하지 않은 숫자 0은 진희가 생각한 수의 일의 자리 숫자입니다.
따라서 진희가 생각한 수는 **2750**입니다.

해결 전략
1486 ➡ O이므로 진희가 생각한 수에는
1, 4, 6, 8과 같은 숫자가 없습니다.

지도 가이드

네 자리 수 맞히기 게임은 수 야구 게임에서 비롯되었습니다. 수를 추리할 때는 0부터 9
까지의 수를 모두 쓰고 표시를 하며 수의 범위를 좁혀가며 찾습니다. 네 자리 수 맞히기가
어려우면 자릿수를 낮추어 세 자리 수 맞히기 게임을 하여도 좋습니다.
S는 스트라이크, B는 볼, O는 아웃이라고 부릅니다.

1-2. 수 만들기

1 (왼쪽에서부터) 7013, 7031, 7103, 7130, 7301, 7310 / 1037, 1073, 1307, 1370, 1703, 1730

최상위
사고력
A ─ 12개

최상위
사고력
B ─ 16개

저자 톡! 세 자리 수에서 큰 수와 작은 수를 만든 것과 같이 나뭇가지 그림을 그려 큰 수와 작은 수를 찾아봅니다.

---

1 작은 수는 높은 자리부터 작은 수를 놓아 네 자리 수를 만들고, 큰 수
는 높은 자리부터 큰 수를 놓아 네 자리 수를 만듭니다.

주의
네 자리 수를 만들어야 하므로 0은 천의 자
리에 놓을 수 없습니다.

〈작은 수〉   〈큰 수〉

1─0─3─7   7─3─1─0
  ─7─3   ─0─1
  3─0─7   1─3─0
  ─7─0   ─0─3
  7─0─3   0─3─1
  ─3─0   ─1─3

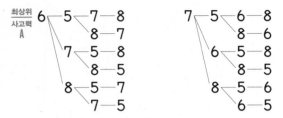

최상위
사고력
A

따라서 6500보다 크고 8500보다 작은 수는 6578, 6587, 6758, 6785, 6857, 6875, 7568, 7586, 7658, 7685, 7856, 7865 로 모두 12개입니다.

보충 개념
나뭇가지 그림을 그려 만들 수 있는 네 자리 수를 나타내면 모든 경우를 빠뜨리지 않고 구할 수 있습니다.

최상위
사고력
B

4 또는 5로만 만들 수 있는 네 자리 수를 작은 수부터 차례로 써봅니다.
4444, 4445, 4454, 4455, 4544, 4545, 4554, 4555,
5444, 5445, 5454, 5455, 5544, 5545, 5554, 5555
따라서 네 자리 수는 16개입니다.

1-3. 모르는 수 찾기 14~15쪽

1 4, 3 / 6, 1 / 8, 3 / 7 / 8, 2, 3 / 8, 9, 3

최상위
사고력
7986원

2 2585, 3200, 3815

저자 톡! 뛰어 세기는 학생들이 수를 처음 접할 때 학습하는 매우 기초적인 수 개념이지만 수의 일부분이 보이지 않는 상황이 되면 좋은 사고력 문제가 됩니다. 수의 각 자리 숫자와 수들 간의 관계 속에서 규칙을 찾아 보이지 않는 수를 찾아봅니다.

1 [1 6 　]에서 70 큰 수는 [1 6 5 3]이 될 수 없으므로 [1 7 5 3]입니다.

[1 7 5 3]부터 70씩 거꾸로 뛰어서 센 수를 차례로 구하고,

[1 7 5 3]부터 70씩 뛰어서 센 수를 차례로 구합니다.

➡ [1 5 4 3]—[1 6 1 3]—[1 6 8 3]—[1 7 5 3]—[1 8 2 3]—[1 8 9 3]

2 카드에 적힌 수를 크기가 작은 수부터 차례로 놓고 몇씩 뛰어서 세었는지 구합니다.

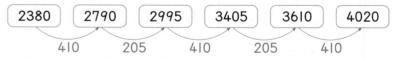

가장 작은 수 2380부터 205씩 뛰어서 센 것이므로

410씩 뛰어서 센 곳 사이에 205씩 뛰어서 센 수를 써넣습니다.

[2380]—[2585]—[2790]—[2995]—[3200]—[3405]—[3610]—[3815]—[4020]

따라서 뒤집힌 카드에 알맞은 수를 작은 수부터 차례로 쓰면 2585, 3200, 3815입니다.

BDAC>BABD이므로 D>A, BABD>CBAC이므로 B>C, CBAC>CBBD이므로 A>B입니다.

➡ D>A>B>C

일주일 동안 성진, 하은, 민혁, 수연이는 각각 6000원보다 많은 금액을 저금하였고,

가장 작은 천의 자리 숫자가 C이므로 C=6입니다.

따라서 D=9, A=8, B=7, C=6이므로 민혁이가 일주일 동안 저금한 금액은 **7986**원입니다.

최상위 사고력

1 455, 255, 245

2 9번째

3 (1) 1203 → 323 → 55 → 10 → 1 (2) 914, 823, 732, 641, 550

---

1 2455 ➡ 455, 2455 ➡ 255, 2455 ➡ 245, 2455 ➡ 245

따라서 만들 수 있는 서로 다른 수는 455, 255, 245입니다.

2

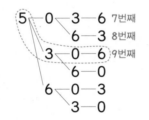

> **보충 개념**
> 나뭇가지 그림을 그려 만들 수 있는 네 자리 수를 나타내면 모든 경우를 빠뜨리지 않고 구할 수 있습니다.

따라서 작은 수부터 차례로 쓸 때 5306은 9번째 수입니다.

3 (1) 1203 ———→ 323 ———→ 55 ———→ 10 ———→ 1

1+2=3   3+2=5   5+5=10   1+0=1

2+0=2   2+3=5

0+3=3

(2) ⓛ은 세 자리 수이고 규칙에 따라 수를 쓸 때

15가 될 수 있는 세 자리 수는 (백의 자리 숫자)+(십의 자리 숫자)=1,

(십의 자리 숫자)+(일의 자리 숫자)=5인 경우입니다.

➡ 1+0=1, 0+5=5일 때 ⓛ=105

㉠은 세 자리 수이고 규칙에 따라 수를 쓸 때

105가 될 수 있는 세 자리 수는 (백의 자리 숫자)+(십의 자리 숫자)=10,

(십의 자리 숫자)+(일의 자리 숫자)=5인 경우입니다.

➡ 9+1=10, 1+4=5일 때 ㉠=914

8+2=10, 2+3=5일 때 ㉠=823

7+3=10, 3+2=5일 때 ㉠=732

6+4=10, 4+1=5일 때 ㉠=641

5+5=10, 5+0=5일 때 ㉠=550

따라서 ㉠에 알맞은 수는 914, 823, 732, 641, 550입니다.

2-1. 조건을 만족하는 수

1

㉠1	4	7			㉣4	
0			㉦7	5	3	1
0					2	
㉡9	㉢8.	8	9		㉘1	㉧9
		9				9
	9		㉤9	3	1	9
㉣1	0	0	1			

최상위 사고력 A **4589**

최상위 사고력 B **12개**

저자 톡! 조건이 여러 개 주어질 때 조건에 맞는 수를 찾는 문제입니다. 조건을 정확하게 해석하는 것도 중요하지만 여러 조건 중에서 먼저 이용해야 하는 조건을 찾는 연습을 합니다.

1 확실히 알 수 있는 열쇠부터 빈칸을 채웁니다.

세로 ㉠: 1009 ➡ 가로 ㉠: 147 ➡ 세로 ㉢: 8990

➡ 가로 ㉡: 9889 ➡ 가로 ㉘: 19 ➡ 세로 ㉧: 999

➡ 가로 ㉤: 9319 ➡ 세로 ㉦: 91 ➡ 가로 ㉣: 1001

➡ 세로 ◎: 4321 ➡ 가로 ㉦: 7531

1	4	7			4	
0			7	5	3	1
0					2	
9	8	8	9		1	9
		9				9
	9		9	3	1	9
1	0	0	1			

최상위 사고력 **A**
두 번째 조건과 세 번째 조건을 만족하는 경우는 다음과 같이 6가지입니다.

| |1|4| | | |2|5| | | |3|6| | | |4|7| | | |5|8| | | |6|9| |

이 중에서 첫 번째 조건을 만족하는 경우는 | |5|8| | 뿐입니다.

따라서 조건을 모두 만족하는 수를 구하면 |4|5|8|9| 입니다.

> **보충 개념**
> 나머지 경우는 한 칸에 10 또는 10보다 큰 수가 들어갑니다.

최상위 사고력 **B**
네 자리 수 중 백의 자리와 십의 자리 숫자의 합이 4이고, 각 자리 숫자가 다른 경우는 다음과 같이 4가지가 있습니다.

① | |4|0| | ② | |3|1| | ③ | |1|3| | ④ | |0|4| |

이 중에 각 자리 숫자가 5보다 작은 네 자리 짝수를 구해야 하므로 일의 자리 숫자를 먼저 정한 후 나머지 천의 자리 숫자를 구합니다.

> **보충 개념**
> 짝수는 일의 자리 숫자가 0, 2, 4, 6, 8인 수를 말합니다.

① |1|4|0|2| |3|4|0|2|

② |2|3|1|0| |4|3|1|0| |4|3|1|2| |2|3|1|4|

③ |2|1|3|0| |4|1|3|0| |4|1|3|2| |2|1|3|4|

④ |1|0|4|2| |3|0|4|2|

따라서 비밀번호로 가능한 수는 모두 12개입니다.

1 (1) (　　) (나) (가) (　　) (가) (　　) (나) (2) **9876, 3210** (3) **5개**

^{최상위}
^{사고력}
A **60개**

^{최상위}
^{사고력}
B **1359**

저자 톡! 오름수, 내림수, 대칭수는 수의 여러 가지 조건 중에서도 자주 다루어지는 중요한 조건입니다. 주어진 수를 찾을 때 나뭇가지 그림을 그려 빠짐없이 정확히 찾는 연습을 합니다.

1 (1) 가는 각 자리 숫자가 오른쪽으로 갈수록 점점 작아지는 수이고, 나는 각 자리 숫자가 오른쪽으로 갈수록 점점 커지는 수입니다.
따라서 가에 포함되는 수는 64, 7321이고 나에 포함되는 수는 279, 2568입니다.

(2) 각 자리 숫자가 오른쪽으로 갈수록 점점 작아지는 네 자리 수 중 가장 큰 수는 9876이고, 가장 작은 수는 3210입니다.

(3) 각 자리 숫자가 오른쪽으로 갈수록 점점 커지는 수를 구합니다.

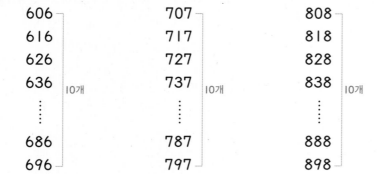

따라서 나에 포함될 수 있는 1356, 1358, 1368, 1568, 3568로 모두 5개입니다.

> **해결 전략**
> 여러 개의 수를 비교할 때에는 홀수와 짝수, 자릿수, 수의 크기, 각 자리 숫자의 크기 등 기준을 세운 후 그 기준에 맞추어 수를 비교합니다.

^{최상위}
^{사고력}
A
① 백의 자리 숫자: 6　② 백의 자리 숫자: 7　③ 백의 자리 숫자: 8

606	707	808
616	717	818
626	727	828
636	737	838
⋮ 10개	⋮ 10개	⋮ 10개
686	787	888
696	797	898

④ 백의 자리 숫자: 9　⑤ 천의 자리 숫자: 1　⑥ 천의 자리 숫자: 2

909	1001	2002
919	1111	2112
929	1221	2222
939	1331	2332
⋮ 10개	⋮ 10개	⋮ 10개
989	1881	2882
999	1991	2992

따라서 600부터 3000까지의 수 중에서 대칭수는 모두 60개입니다.

> **해결 전략**
> 세 자리 수는 백의 자리 숫자부터 정하고, 네 자리 수는 천의 자리 숫자부터 정하여 구합니다.
>
> **보충 개념**
> 팔린드롬(Palindrome)은 똑바로 읽거나 거꾸로 읽어도 같은 낱말이나 문장을 말합니다.
> ⑩ eye, level, 토마토, 다시 합창 합시다
> 수 중에서 이러한 성질을 가지는 수를 팔린드롬 수라고 하며 대칭수, 거울수, 회문수 등으로도 불립니다.

최상위
사고력
B 작은 수가 천, 백, 십, 일의 자리 순서로 놓이도록 나뭇가지 그림을
그려 오름수를 만듭니다.

해결 전략
네 자리 오름수 중에서 가장 작은 수는
1234입니다.

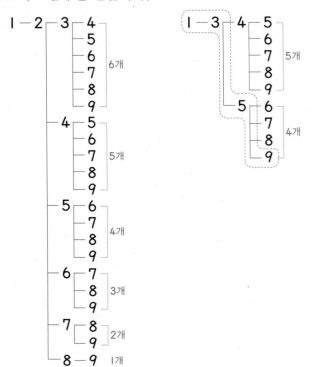

따라서 네 자리 오름수 중에서 30번째로 작은 수는 1359입니다.

2-3. 수와 숫자의 개수 22~23쪽

1 17개 | 2 38개 | 최상위 사고력 (1) 100번 (2) 91번

저자 톡! 숫자는 수를 나타내기 위한 기호입니다. 혼동하기 쉬운 수와 숫자의 개념에 대해 짚어보고, 주어진 구간에서 수와 숫자가 몇 개가
사용됐는지 효율적인 방법으로 구합니다.

1 정우가 열은 사물함 번호에 ○표 합니다. 민경이가 열거나 닫은 사물
함 번호에 ×표 합니다. 사물함 중에서 열려 있는 사물함은 ○표 또는
×표를 1번만 표시한 곳입니다.

해결 전략
정우가 열은 사물함 번호에 ○표, 민경이가
열거나 닫은 사물함 번호에 ×표로 표시하
여 풉니다.

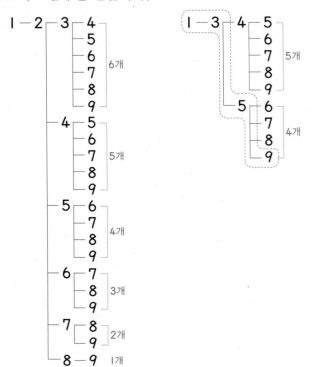

따라서 열려 있는 사물함은 1, 5, 7, 9, 11, 15, 17, 19, 21, 25,
27, 29, 30, 32, 34, 36, 38로 모두 17개입니다.

2 ① I부터 100까지의 수

일의 자리 숫자가 8인 수: 8, 18, 28, 38, 48, 58, 68, 78, 88, 98 ➡ 10개

십의 자리 숫자가 8인 수: 80, 81, 82, 83, 84, 85, 86, 87, 88, 89 ➡ 10개

이때 88은 2번 세었으므로 I부터 100까지의 수 중에서 숫자 8이 들어 있는 수는 10+10-1=19(개)입니다.

② 101부터 200까지의 수

일의 자리 숫자가 8인 수: 108, 118, 128, 138, 148, 158, 168, 178, 188, 198 ➡ 10개

십의 자리 숫자가 8인 수: 180, 181, 182, 183, 184, 185, 186, 187, 188, 189 ➡ 10개

이때 188은 2번 세었으므로 101부터 200까지의 수 중에서 숫자 8이 포함된 수는 10+10-1=19(개)입니다.

따라서 I부터 200까지의 수 중에서 숫자 8이 들어 있는 수는 모두 19+19=38(개)입니다.

해결 전략
I부터 100까지의 수, 101부터 200까지의 수로 나누어 일의 자리 숫자가 8인 수와 십의 자리 숫자가 8인 수를 각각 찾습니다.

최상위 사고력 (1) I부터 99까지 숫자 6은 20번 씁니다.

100부터 199까지 숫자 6은 20번 씁니다.

200부터 299까지, 300부터 399까지, 400부터 499까지 숫자 6은 20번씩 씁니다.

따라서 I부터 500까지의 수를 쓸 때 숫자 6은 모두 20+20+20+20+20=100(번) 씁니다.

(2) I부터 99까지 숫자 0은 10, 20, 30, 40, 50, 60, 70, 80, 90일 때 각각 한 번씩 쓰게 되므로 9번 씁니다.

100부터 199까지, 200부터 299까지, 300부터 399까지, 400부터 499까지 숫자 0은 20번씩 쓰게 되므로 100부터 499까지 숫자 0은 20+20+20+20=80(번) 씁니다.

500에서 숫자 0은 2번 씁니다.

따라서 I부터 500까지의 수를 쓸 때 숫자 0은 모두 9+80+2=91(번) 씁니다.

해결 전략
I부터 99까지, 100부터 199까지, 200부터 299까지, 300부터 399까지, 400부터 499까지 나누어서 생각합니다.

최상위 사고력

24~25쪽

1 10개	2 15개
3 2210원	4 28개

1 2018보다 작은 네 자리 수 중에서 두 자리씩 2개의 수로 나누어 구한
차가 2인 가장 큰 수는 1917입니다.
1917부터 앞의 두 자리 수를 1씩 줄여가며 조건에 맞는 수를 구합니다.
1917, 1816, 1715, 1614, 1513,
1412, 1311, 1210, 1109, 1008
따라서 조건에 맞는 수는 모두 10개입니다.

2

주의
자물쇠에 숫자가 7까지만 있습니다.

따라서 비밀번호로 가능한 수는 모두 15개입니다.

3 수가 가장 많은 동전부터 쓰면 100원짜리 동전, 50원짜리 동전,
500원짜리 동전, 10원짜리 동전입니다.
동전 13개로 조건에 맞는 가장 큰 금액을 만들려면 500원짜리 동전
이 되도록이면 많아야 합니다.
100원짜리 동전이 5개, 50원짜리 동전이 4개, 10원짜리 동전이
1개인 경우 500원짜리 동전이 3개로 가장 많아지므로 가장 큰 금액은
500+200+1500+10=2210(원)입니다.

보충 개념
```
  100원짜리 동전 5개 →   500원
   50원짜리 동전 4개 →   200원
  500원짜리 동전 3개 →  1500원
+) 10원짜리 동전 1개 →    10원
                      2210원
```

4 한 자리 수: 0, 2, 7 ➡ 3개
두 자리 수: 20, 22, 27, 70, 72, 77 ➡ 6개
세 자리 수: 200, 202, 207, 220, 222, 227, 270, 272, 277,
700, 702, 707, 720, 722, 727, 770, 772, 777 ➡ 18개
네 자리 수: 2000 ➡ 1개
따라서 공책에 쓴 수는 모두 3+6+18+1=28(개)입니다.

주의
숫자 0은 가장 높은 자리에 쓸 수 없습니다.

Review 수

26~28쪽

1 ②	2 7570, 5770	3 14개
4 1403, 1502, 2501, 3401	5 9412	6 51번

1 일부분이 보이지 않는 카드에 적힌 수가 2번째로 작은 수이므로 카드에 적힌 4개의 수를 작은 차례로 쓰면
3697<3☐☐☐<3759<3783입니다.
따라서 가려진 수 카드는 3697보다 크고 3759보다 작아야 하므로 ② 3724가 될 수 있습니다.

2 가장 큰 수는 천의 자리 숫자가 7이고, 가장 작은 수는 천의 자리 숫자가 5입니다.

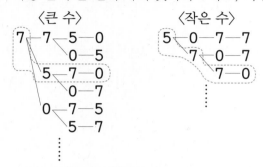

따라서 3번째로 큰 수는 7570, 3번째로 작은 수는 5770입니다.

3 일의 자리 숫자와 백의 자리 숫자가 모두 7인 네 자리 수는 ☐7☐7입니다.

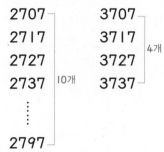

따라서 2078보다 크고 3742보다 작은 수는 10+4=14(개)입니다.

4 첫 번째 조건과 세 번째 조건을 살펴보면 서로 다른 4개의 숫자를 더하여 8이 되는 경우는
(0, 1, 2, 5), (0, 1, 3, 4)로 2가지가 있습니다.
이 2가지 경우 중에서 두 번째 조건에 맞는 수를 찾습니다.
① (0, 1, 2, 5)인 경우: 1502, 2501
② (0, 1, 3, 4)인 경우: 1403, 3401
따라서 조건을 만족하는 네 자리 수는 1403, 1502, 2501, 3401입니다.

5 9712가 SSS이고 9713이 SS이므로 3은 들어가지 않고 2는 일의 자리에 반드시 들어갑니다.
➡ 성훈이가 생각한 수는 ☐☐☐2입니다.
1234가 BBB이고 앞에서 3은 들어가지 않으므로 1, 2, 4는 반드시 들어갑니다.
6475는 S이고 앞에서 4는 반드시 들어가므로 성훈이가 생각한 수는 ☐4☐2입니다.
9712가 SSS이므로 성훈이가 생각한 수는 9412입니다.

6 1부터 99까지 숫자 0은 10, 20, 30, 40, 50, 60, 70, 80, 90일 때 각각 한 번씩 나오므로 9번 나옵니다.
100부터 199까지 숫자 0은 20번 나오고, 200부터 299까지 숫자 0도 20번 나오므로 100부터 299까지
숫자 0은 20+20=40(번) 나옵니다. 300에서 숫자 0은 2번 나옵니다.
따라서 1에서 300까지 숫자 0은 모두 9+40+2=51(번) 나옵니다.

Ⅱ 연산

이번 단원에서는 2학년 2학기에 학습한 곱셈구구를 본격적으로 다양한 상황에 이용하게 됩니다.

3 곱셈구구와 **6** 규칙과 약속에서는 다양한 퍼즐과 조건을 통해 학습한 곱셈구구를 확인해 보고, 곱을 이용하여 수를 분해하고 합성하는 경험을 가집니다.

4 곱셈구구표에서는 같은 수를 여러 번 더하는 기본적인 원리 이외에 곱셈의 교환법칙, 분배법칙, 나오는 수의 개수 등 곱셈구구표에 숨겨진 다양한 규칙을 찾아봅니다.

5 곱셈구구의 활용에서는 곱을 이용하여 간단히 해결할 수 있는 문제들을 풀어보며 곱셈의 유용함을 느껴봅니다.

곱셈구구는 이후에 학습하게 되는 나눗셈, 분수 등에도 연결되는 개념이므로 충분히 연습합니다.

최상위 사고력 **3** 곱셈구구

3-1. 곱셈식 만들기
30~31쪽

1
(1)
5	2	1	5	3
8	9	2	× 8	2
× 8	(7 × 7 = 4	9)		
6	6	2	0	1
(4	× 8 = 3	2)	7	

(2)
4	8	3	6	9
(6 × 7 = 4	2)			× 3
				1
5	5	3	1	2
3	2	× 5	5	7
5	(8 × 9	= 7	2)	

2 Ⅰ, 8(또는 8, Ⅰ) / 3, 5(또는 5, 3) / 2, 9(또는 9, 2) / 4, 6(또는 6, 4)

최상위
사고력 (위에서부터) 3, 2, 8 / 8, 2, 2 / 6, 4, 9

저자 톡! 교과 과정에서 학습한 곱셈구구를 제대로 외우고 있는지 퍼즐 형태의 문제로 확인하는 과정입니다. 퍼즐을 효율적으로 풀기 위한 해결 방법을 생각하며 문제를 풀어봅니다.

---

1 가로줄에 있는 곱셈식부터 모두 찾은 후 세로줄에 있는 곱셈식을 찾아봅니다.

> **지도 가이드**
> 퍼즐 유형의 문제로 곱셈구구를 확인하는 과정입니다. 퍼즐은 학생들이 능동적으로 문제를 풀려는 학습 자세를 만들 수 있으며 창의력과 사고의 유연성을 키우는데 효과적입니다.

2 $1 \times 8 = 8$(또는 $8 \times 1 = 8$), $3 \times 5 = 15$(또는 $5 \times 3 = 15$),
$2 \times 9 = 18$(또는 $9 \times 2 = 18$), $4 \times 6 = 24$(또는 $6 \times 4 = 24$)
서로 다른 한 자리 수를 곱하여 15가 되는 경우는 3과 5를 곱할 때 뿐이므로 $\boxed{3} \times \boxed{5} = 15$입니다. 나머지 수 Ⅰ, 2, 4, 6, 8, 9로 곱셈식을 차례로 만들면 $\boxed{1} \times \boxed{8} = 8$, $\boxed{2} \times \boxed{9} = 18$, $\boxed{4} \times \boxed{6} = 24$입니다.

> **해결 전략**
> 주어진 식 중에 가장 적은 방법으로 나타낼 수 있는 식부터 먼저 찾아 식을 완성합니다.

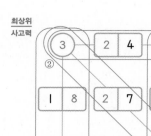

해결 전략
①~⑤ 차례로 빈 곳에 알맞은 수를 써넣습니다.

① 서로 다른 한 자리 수를 곱하여 십의 자리 숫자가 7이 되는 경우는 8×9=72 또는 9×8=72뿐입니다. 대각선에 있는 서로 다른 두 수를 곱하여 일의 자리 숫자가 7이 되려면 8은 사용할 수 없으므로 9가 대각선 아래쪽에 들어가고 8은 오른쪽 세로선 위에 들어갑니다. 따라서 8과 9 사이에 들어가는 수는 8과 9의 곱 72입니다.

② 9와 곱하여 일의 자리 숫자가 7이 되는 경우는 9×3=27이므로 3과 9 사이에 들어가는 수는 3과 9의 곱 27입니다.

③ 3과 8 사이에 들어가는 수는 3과 8의 곱 24입니다.

④ 9와 곱하여 십의 자리 숫자가 5가 되는 경우는 9×6=54이므로 6은 왼쪽 세로선 아래에 들어가고 6과 9 사이에 들어가는 수는 6과 9의 곱 54입니다.

⑤ 3과 6 사이에 들어가는 수는 3과 6의 곱 18입니다.

보충 개념
8×1=8, 8×2=16, 8×3=24,
8×4=32, 8×5=40, 8×6=48,
8×7=56, 8×8=64, 8×9=72
이므로 일의 자리 숫자가 7인 경우는 없습니다.

3-2. 타일 나누기 32~33쪽

1

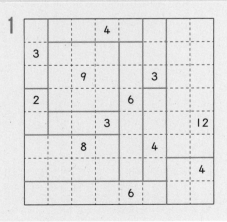

최상위
사고력 (1) 55개 (2) 126개

저자 톡! 곱셈이 이용되는 대표적인 상황 중에 하나가 직사각형의 넓이를 구하는 것입니다. 여기서는 넓이가 아닌 직사각형 안에 들어 있는 타일의 수를 직사각형의 가로줄과 세로줄에 있는 타일의 수의 곱으로 구합니다.

1 9를 포함하는 사각형은

	9	

모양만 가능합니다.

해결 전략
큰 수 또는 가장 적은 방법으로 곱을 표현 할 수 있는 부분부터 규칙에 맞게 타일을 나누어 봅니다.

이와 같이 사각형을 나눌 수 있는 방법과 다른 부분에 나누어지는 사각형을 생각하며 ①~⑫ 차례로 나누어 봅니다.

②		③	4				
3		①				⑩	
		9		⑪	3		
2			6				⑧
④		⑥	3		⑫		12
	⑤	8			4		
						⑨	4
			⑦	6			

최상위 사고력 (1) 6과 16의 세로줄에 공통으로 들어갈 수 있는 타일의 수는 1개 또는 2개입니다.

해결 전략
작은 사각형의 땅 위에 깔려 있는 타일의 수는 (가로줄에 있는 타일의 수)×(세로줄에 있는 타일의 수)를 나타냅니다.

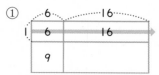 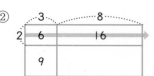

이때 6과 9의 가로줄에 공통으로 들어갈 수 있는 타일의 수는 ② 만 가능합니다.

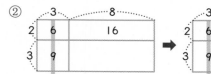

9의 세로줄에 있는 타일은 3×□=9, □=3이므로 3개이고, 빈 곳 위에 깔려 있는 타일은 8×3=24(개)입니다.

따라서 전체 사각형의 땅 위에 깔려 있는 타일은 모두 6+16+9+24=55(개)입니다.

(2) 먼저 12와 18의 세로줄에 공통으로 들어갈 수 있는 타일의 수는 1개, 2개, 3개, 6개입니다.

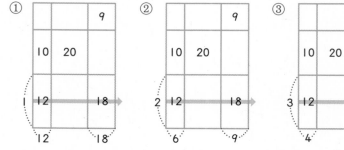 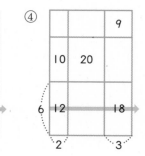

이때 10과 12의 가로줄에 공통으로 들어갈 수 있는 타일의 수는 ④만 가능합니다.

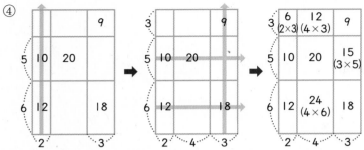

20의 가로줄에 있는 타일은 □×5=20, □=4이므로 4개이고,
9의 세로줄에 있는 타일은 3×□=9, □=3이므로 3개입니다.
가로줄과 세로줄에 있는 타일의 수를 이용하여 빈 곳 위에 깔려 있
는 타일의 수를 각각 구하면 전체 사각형의 땅 위에 깔려 있는 타
일은 모두 6+12+9+10+20+15+12+24+18=126(개)
입니다.

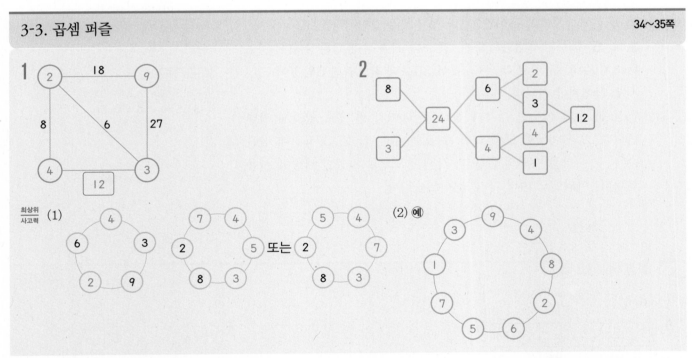

저자 톡! 곱을 이용한 조건에 따라 수를 알맞게 배열하는 문제를 다룹니다. 퍼즐의 빈 곳 중 어디서부터 수를 채워야 효율적으로 퍼즐을 풀
수 있을지 생각해 보고, 빈 곳에 알맞은 수를 예상하고 확인하는 경험을 가집니다.

1

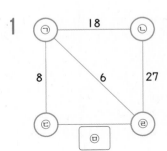

2×9=18, 3×6=18이고, 9×3=27이므
로 ⓛ에 들어갈 수 있는 수는 9 또는 3입니다.
① ⓛ=9인 경우
   9×2=18 ➡ ㉠=2, 9×3=27 ➡ ㉣=3
   2×4=8 ➡ ㉢=4, 4×3=12이므로
   ㉤=12입니다.

해결 전략
주어진 수를 두 수의 곱으로 나타낸 다음
빈 곳에 들어갈 수를 구합니다.

② ⓛ=3인 경우

3×6=18 ➡ ㉠=6, 3×9=27 ➡ ㉣=9

6×ⓒ=8이 되는 ⓒ은 없으므로 ⓛ=3인 경우는 조건에 맞지 않습니다.

다른 풀이
1×8=8, 2×4=8이고, 2×9=18, 3×6=18이므로 ㉠=2입니다.
2×4=8 ➡ ⓒ=4, 2×9=18 ➡ ⓛ=9,
2×3=6 ➡ ㉣=3, 4×3=12 ➡ ⓜ=12

2

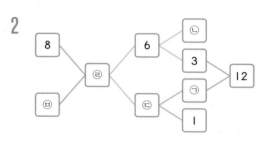

3×4=12이므로 ㉠=4입니다.

3×2=6이므로 ⓛ=2입니다.

4×1=4이므로 ⓒ=4입니다.

6×4=24이므로 ㉣=24입니다.

8×3=24이므로 ⓜ=3입니다.

해결 전략
㉠ ➡ ⓛ 또는 ⓒ ➡ ㉣ ➡ ⓜ 차례로 빈 곳에 들어갈 수를 찾습니다.

최상위 사고력

(1) 2, 4 중에서 9와의 곱이 30보다 작은 수는 2입니다.
3, 4, 5, 7 중에서 8과의 곱이 30보다 작은 수는 3뿐입니다.
나머지 수 4, 5, 7로 두 수의 곱이 30보다 작으려면 5와 7이
서로 떨어져야 합니다.

(2) 가장 큰 수와 이웃한 수부터 정한 후 나머지 빈 곳도 알맞게 써넣습니다. 9와 이웃한 곳에 놓을 수 있는 수는 1, 2, 3, 4인데 작은 수 1, 2는 다른 수와의 곱을 더 작게 만드므로 가능한 나중에 사용합니다. 이외에도 여러 가지 답이 있습니다.

보충 개념
2×9=<u>18</u>, 4×9=36

보충 개념
8×3=<u>24</u>, 8×4=32,
8×5=40, 8×7=56

최상위 사고력

36~37쪽

1 18, 8

2

3	×	8	×	2	=	48
×				×		
1	×	7	×	4	=	28
×		×		×		
5		9		6		
‖		‖		‖		
15		63		48		

3

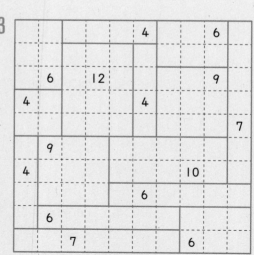

1 6장이 6이고 나머지 1장에 적힌 수를 □라고 하면 36+□=54,
□=18입니다.
1장이 6이고 나머지 6장에 적힌 수를 □라고 하면 □×6=54−6,
□×6=48, □=8입니다.
따라서 6 이외에 다른 수가 될 수 있는 수는 18과 8입니다.

해결 전략
7장 중에 6장이 6이고 나머지 1장이 다른 수이거나, 1장이 6이고 나머지 6장이 다른 수인 경우 2가지가 있습니다.

2

① 서로 다른 두 수를 곱하여 63이 되는 경우는 7×9=63인데 9와 어떤 수를 곱하여 28을 만들 수 없으므로 위쪽에는 7이 들어가고 아래쪽에는 9가 들어갑니다.
② 같은 수를 사용할 수 없으므로 1×7×4=28이고 4는 왼쪽 세로식의 □×□×□=15에 들어갈 수 없으므로 7의 오른쪽에 들어가고 1이 7의 왼쪽에 들어갑니다.
③ 3×1×5=15이고 5는 위쪽 가로식의 □×□×□=48에 들어갈 수 없으므로 1의 아래쪽에 들어가고 3은 1의 위쪽에 들어갑니다.
④ 남은 수는 2, 6, 8인데 3×□×□=48이 되려면 3×2×8=48 또는 3×8×2=48인데 오른쪽 세로식 ⑤도 만족시키려면 3의 오른쪽에 8과 2가 차례로 들어갑니다.
⑤ 남은 수 6을 넣어 식이 맞는지 확인합니다.

해결 전략
①~⑤ 차례로 빈칸에 알맞은 수를 써넣습니다.

3 오른쪽 윗부분에 있는 9를 포함하는 사각형은

모양만 가능합니다.

이와 같이 사각형을 나눌 수 있는 방법과 다른 부분에 나누어지는 사각형을 생각하며 ①~⑮ 차례로 나누어 봅니다.

해결 전략
큰 수 또는 가장 적은 방법으로 곱을 표현할 수 있는 부분부터 규칙에 맞게 타일을 나누어 봅니다.

4-1. 곱셈구구표 완성하기

1 (1)

12
15
18
21

| 24 | **32** | 40 | 48 |

(2)

6	12	**18**	24
7	14	21	28
8			
9			

(3)

		24	27
	28	32	
30	35		
30	**36**		

(4)

		48	
49	56	63	
	56		72
54	63		81

최상위
사고력 **20, 40, 28, 72**

저자 톡! 곱셈구구표의 일부분을 주어진 수와 곱셈구구표의 특징을 이용하여 완성하는 내용입니다. 주어진 수를 여러 가지 방법으로 두 수의
곱으로 나타낼 수 있어야 하며, 곱셈구구표에서 알지 못했던 규칙을 새롭게 발견하는 경험을 가집니다.

1 곱셈구구표 안의 수를 두 수의 곱으로 나타낸 후, 곱셈구구표에서 오
른쪽과 아래쪽으로 갈수록 각각 1단씩 커지는 규칙을 이용합니다.

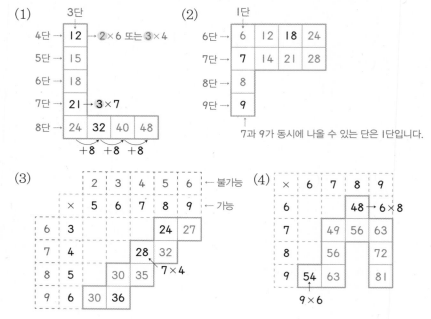

(1) 3단
4단 → 12 → 2×6 또는 3×4
5단 → 15
6단 → 18
7단 → 21 → 3×7
8단 → 24 32 40 48
　　　 +8 +8 +8

(2) 1단
6단 → 6 12 18 24
7단 → 7 14 21 28
8단 → 8
9단 → 9
7과 9가 동시에 나올 수 있는 단은 1단입니다.

(3)
| 2 | 3 | 4 | 5 | 6 | ← 불가능 |
| × | 5 | 6 | 7 | 8 | 9 | ← 가능 |

6 3 ... 24 27
7 4 ... 28 32 → 7×4
8 5 ... 30 35
9 6 ... 30 36

(4)
× 6 7 8 9
6 ... 48 → 6×8
7 ... 49 56 63
8 ... 56 72
9 54 63 81
9×6

최상위
사고력 곱셈구구표에서 오른쪽과 아래쪽으로 갈수록 각각 1단씩 커지는 규칙
을 이용하여 가능한 단의 수를 가로와 세로에 써서 구합니다.
36을 두 수의 곱으로 나타내면 4×9, 6×6, 9×4로 세 가지입니다.
36이 4×9라면 36이 있는 세로줄이 9단이므로 마지막 세로줄이 되
고, 9×4라면 36이 있는 가로줄이 9단이므로 마지막 가로줄이 됩니
다. 36이 있는 줄은 마지막 줄이 아니므로 9단이 아닙니다. 36은
6×6이므로 ㉠은 4×5=20, ㉡은 5×8=40, ㉢은 7×4=28, ㉣은
8×9=72입니다.
따라서 ㉠=20, ㉡=40, ㉢=28, ㉣=72입니다.

해결 전략
36을 두 수의 곱으로 나타내어 생각합니다.

1

수	곱셈식	나오는 횟수(번)
4	1×4, 2×2, 4×1	3
6	1×6, 2×3, 3×2, 6×1	4
15	3×5, 5×3	2
24	3×8, 4×6, 6×4, 8×3	4
49	7×7	1

2 1, 25, 49, 64, 81

최상위
사고력 (1) 6, 8, 12, 18, 24

(2) 1, 4, 9, 16, 25, 36, 49, 64, 81

저자 톡! 곱셈구구표에는 같은 수를 반복하여 더하는 원리 이외에도 숨겨진 규칙이 많습니다. 그 중에 곱셈구구표에서 일정한 개수만큼 나오는 수에 중점을 두어 곱셈구구표의 숨겨진 규칙을 찾아봅니다. 곱셈구구표를 만드는 과정에서 교환법칙과 분배법칙이 자연스럽게 학습되도록 합니다.

1 6은 1×6, 2×3, 3×2, 6×1로 4번 나옵니다.

15는 3×5, 5×3으로 2번 나옵니다.

24는 3×8, 4×6, 6×4, 8×3으로 4번 나옵니다.

49는 7×7로 1번 나옵니다.

해결 전략
두 수의 곱으로 나타낼 수 있는 방법의 가짓수를 구합니다.

2 곱셈구구표에서 한 번만 나오는 수는 곱셈구구표를 ╲ 방향으로 반으로 접었을 때 접은 선 위에 있는 수 중에 있습니다.

따라서 곱셈구구표에서 한 번만 나오는 수는 1(1×1), 25(5×5), 49(7×7), 64(8×8), 81(9×9)입니다.

보충 개념

×	1	2	3	4	5
1	1	2	3	4	5
2	2	4	6	8	10
3	3	6	9	12	15
4	4	8	12	16	20
5	5	10	15	20	25

곱셈구구표에서 점선을 기준으로 양쪽에 모두 짝을 이루는 같은 수가 있습니다.

최상위
사고력 (1) 곱셈구구표에서 가장 많이 나오는 수는 4번 나오는 수입니다.

즉, 4가지 방법으로 곱을 나타낼 수 있는 수가 가장 많이 나오는 수입니다.

6 : 1×6, 2×3, 3×2, 6×1 ➡ 4번

8 : 1×8, 2×4, 4×2, 8×1 ➡ 4번

12 : 2×6, 3×4, 4×3, 6×2 ➡ 4번

18 : 2×9, 3×6, 6×3, 9×2 ➡ 4번

24 : 3×8, 4×6, 6×4, 8×3 ➡ 4번

따라서 가장 많이 나오는 수는 6, 8, 12, 18, 24입니다.

(2) 1 ➡ 1번, 4 ➡ 3번, 9 ➡ 3번, 16 ➡ 3번, 25 ➡ 1번,

36 ➡ 3번, 49 ➡ 1번, 64 ➡ 1번, 81 ➡ 1번

따라서 홀수 번 나오는 수는 1, 4, 9, 16, 25, 36, 49, 64, 81 입니다.

1 5단 / 4단, 6단, 8단 / 1단, 3단, 7단, 9단

2 18, 36, 54, 72

최상위
사고력 (1) 6×23, 8　(2) 6×35, 0

저자 톡! 각 단의 일의 자리 숫자에서 반복되는 수의 규칙을 알아보고, 이 규칙을 이용하여 계산 결과의 일의 자리 숫자를 예측합니다. 각 단의 일의 자리 숫자는 복면산, 벌레 먹은 셈과 같은 문제를 풀 때 유용하게 이용됩니다.

1

단	각 단에 나오는 수의 일의 자리 숫자	일의 자리 숫자의 개수
1	1, 2, 3, 4, 5, 6, 7, 8, 9	9개
2	2, 4, 6, 8, 0, 2, 4, 6, 8	5개
3	3, 6, 9, 2, 5, 8, 1, 4, 7	9개
4	4, 8, 2, 6, 0, 4, 8, 2, 6	5개
5	5, 0, 5, 0, 5, 0, 5, 0, 5	2개
6	6, 2, 8, 4, 0, 6, 2, 8, 4	5개
7	7, 4, 1, 8, 5, 2, 9, 6, 3	9개
8	8, 6, 4, 2, 0, 8, 6, 4, 2	5개
9	9, 8, 7, 6, 5, 4, 3, 2, 1	9개

보충 개념
- 짝수 단의 일의 자리 숫자는 0, 2, 4, 6, 8이 순서만 다르게 나옵니다.
- 1단, 3단, 7단, 9단의 일의 자리 숫자는 1부터 9까지의 숫자가 한 번씩 나옵니다.
- 9단에서 일의 자리 숫자와 십의 자리 숫자를 더하면 항상 9가 됩니다.

지도 가이드
각 단의 일의 자리 숫자는 복면산, 벌레 먹은 셈 등과 같은 문제를 풀 때 유용하게 이용되므로 반드시 숙달할 수 있도록 합니다.

2 첫 번째 조건에서 일의 자리 숫자가 1부터 9까지 모두 나오는 단은 1단, 3단, 7단, 9단입니다.

두 번째 조건에서 각 자리 숫자의 합이 9인 수는 9단입니다.

세 번째 조건에서 9단 중에서 짝수인 수를 찾아보면 18, 36, 54, 72입니다.

따라서 조건에 맞는 수는 18, 36, 54, 72입니다.

최상위
사고력 (1) $\underbrace{6+6+\cdots\cdots+6+6}_{23개}=6 \times 23$

6단의 일의 자리 숫자는 $\underbrace{6, 2, 8, 4, 0}_{5개}$이 반복되는 규칙이고,

$23=5+5+5+5+3$이므로 계산 결과의 일의 자리 숫자는 8입니다.

(2) $48=6 \times 8$이므로 $6 \times \overset{35}{\overbrace{12+6 \times 15+6 \times 8}}=6 \times 35$입니다.

6단의 일의 자리 숫자는 $\underbrace{6, 2, 8, 4, 0}_{5개}$이 반복되는 규칙이고,

$35=5+5+5+5+5+5+5$이므로 계산 결과의 일의 자리 숫자는 0입니다.

해결 전략
(1) 6단의 일의 자리 숫자는 6, 2, 8, 4, 0이 반복되는 규칙이므로 20번 반복하면 일의 자리 숫자가 0이고, 3번 더 반복하면 일의 자리 숫자는 8입니다.
(2) $■ \times ● + ■ \times ▲ = ■ \times (● + ▲)$
　예 $2 \times 3 + 2 \times 4 = 2 \times (3 + 4)$
　　　$= 2 \times 7$

1 (1)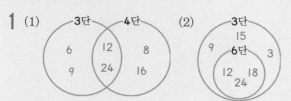

(2)

2

×	5	6	3	8
4	20	24	12	32
2	10	12	6	16
7	35	42	21	56
9	45	54	27	72

3 (1) 8번 (2) 17번

4 32가지

---

1 (1) 3단: 6, 9, 12, 24
　　4단: 8, 12, 16, 24
　　➡ 3단이면서 4단인 수: 12, 24

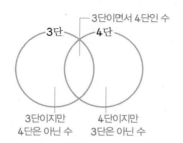

해결 전략

C는 A에도 포함되면서 B에도 포함되는 것을 나타냅니다.

(2) 3단: 3, 9, 12, 15, 18, 24
　　6단: 12, 18, 24
　　➡ 3단이지만 6단은 아닌 수: 3, 9, 15

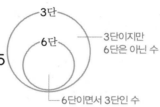

2

×			3	
4		24	12	
2			6	
7			21	
		45		72

4×3=12, 2×3=6,
7×3=21이므로
3이 공통으로 곱하는
수입니다.

➡

×	5		3	8
4		24	12	
2			6	
7			21	
9	45			72

9×5=45,
9×8=72이므로
9가 공통으로
곱해지는 수입니다.

➡

×	5	6	3	8
4		24	12	
2			6	
7			21	
9	45			72

4×6=24이므로
빈칸에 알맞은 수는
6입니다.

➡

×	5	6	3	8
4	20	24	12	32
2	10	12	6	16
7	35	42	21	56
9	45	54	27	72

곱을 이용하여 빈칸에
알맞은 수를 써넣습니다.

3 (1) 곱셈구구표에 있는 수 중에서 0은 일의 자리에 나옵니다. 일의 자
리에 0이 나오는 수는 5단 중에서 5와 짝수를 곱한 수입니다.
➡ 10, 20, 30, 40
따라서 곱셈구구표에 10, 20, 30, 40이 각각 2번씩 나오므로
0은 모두 8번 나옵니다.

보충 개념
5×2=10
5×4=20
5×6=30
5×8=40

(2) 십의 자리 숫자가 1인 수는 10부터 19까지 10개의 수입니다.
10: 2×5, 5×2 ➡ 2번　　　　12: 2×6, 3×4, 4×3, 6×2 ➡ 4번
14: 2×7, 7×2 ➡ 2번　　　　15: 3×5, 5×3 ➡ 2번
16: 2×8, 4×4, 8×2 ➡ 3번　　18: 2×9, 3×6, 6×3, 9×2 ➡ 4번
따라서 십의 자리 숫자가 1인 수는 모두 2+4+2+2+3+4=17(번) 나옵니다.

4 ㉠×㉡=㉢㉣으로 나타내어 ㉠을 |부터 9까지인 경우로 나누어 구합니다.

㉠=|인 경우와 ㉠=5인 경우는 불가능합니다.

㉠=2인 경우

$2 \times 7 = 14$ ┐
$2 \times 8 = 16$ ┤ ➡ 3가지
$2 \times 9 = 18$ ┘

㉠=3인 경우

$3 \times 4 = 12$ ┐
$3 \times 6 = 18$ │
$3 \times 7 = 21$ ┤ ➡ 5가지
$3 \times 8 = 24$ │
$3 \times 9 = 27$ ┘

㉠=4인 경우

$4 \times 3 = 12$ ┐
$4 \times 7 = 28$ │
$4 \times 8 = 32$ ┤ ➡ 4가지
$4 \times 9 = 36$ ┘

㉠=6인 경우

$6 \times 3 = 18$ ┐
$6 \times 7 = 42$ ┤ ➡ 3가지
$6 \times 9 = 54$ ┘

㉠=7인 경우

$7 \times 2 = 14$ ┐
$7 \times 3 = 21$ │
$7 \times 4 = 28$ │
$7 \times 6 = 42$ ┤ ➡ 6가지
$7 \times 8 = 56$ │
$7 \times 9 = 63$ ┘

㉠=8인 경우

$8 \times 2 = 16$ ┐
$8 \times 3 = 24$ │
$8 \times 4 = 32$ ┤ ➡ 5가지
$8 \times 7 = 56$ │
$8 \times 9 = 72$ ┘

㉠=9인 경우

$9 \times 2 = 18$ ┐
$9 \times 3 = 27$ │
$9 \times 4 = 36$ │
$9 \times 6 = 54$ ┤ ➡ 6가지
$9 \times 7 = 63$ │
$9 \times 8 = 72$ ┘

따라서 만들 수 있는 곱셈식은 모두 $3+5+4+3+6+5+6=32$(가지)입니다.

5-1. 경우의 수 구하기　　　　　　　　　　　　　　　46~47쪽

1 |2가지	**2** 8가지	최상위 사고력 |2가지

1

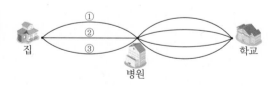

①번 길로 병원을 거쳐 학교에 가는 길의 가짓수는 4가지입니다.

마찬가지로 ②번 길로 병원을 거쳐 학교에 가는 길의 가짓수와

③번 길로 병원을 거쳐 학교에 가는 길의 가짓수는 각각 4가지입니다.

따라서 집에서 병원을 거쳐 학교에 가는 길은 모두

$4+4+4=12$(가지)입니다.

> **다른 풀이**
> (집에서 병원에 가는 길의 가짓수)×(병원에서 학교에 가는 길의 가짓수)
> =$3 \times 4 = 12$(가지)

2 그림 면을 앞, 숫자 면을 뒤라고 할 때 각 경우를 표로 나타내어 구합니다.

	1	2	3	4	5	6	7	8
첫 번째	앞	앞	앞	뒤	앞	뒤	뒤	뒤
두 번째	앞	앞	뒤	앞	뒤	앞	뒤	뒤
세 번째	앞	뒤	앞	앞	뒤	뒤	앞	뒤

따라서 나올 수 있는 경우는 모두 **8**가지입니다.

> **다른 풀이**
> (첫 번째 동전이 나올 수 있는 가짓수)×(두 번째 동전이 나올 수 있는 가짓수)×(세 번째 동전이 나올 수 있는 가짓수)
> $=2×2×2=8$(가지)

최상위 사고력 음식을 주문하는 방법은 (피자의 가짓수)×(피자 크기의 가짓수)×(추가 음식의 가짓수)×(음료수의 가짓수)입니다.

피자는 새우 피자를 선택했으므로 피자의 가짓수는 1가지이고, 음료수는 탄산음료를 제외해야 하므로 음료수의 가짓수는 2가지입니다.
피자 크기는 2가지, 추가 음식은 3가지이므로 피자와 추가 음식, 음료수를 고르는 방법은 모두 $1×2×3×2=12$(가지)입니다.

> **해결 전략**
> 피자는 새우 피자를 선택했으므로 피자를 고르는 가짓수는 한 가지입니다.

5-2. 만들 수 있는 수의 개수 구하기

1 진희, 미라, 지연, 수영   **최상위 사고력 A** 18개   **최상위 사고력 B** 81개

> **저자 톡!** 지금까지는 만들 수 있는 수의 개수를 구할 때 나뭇가지 그림을 이용했습니다. 이번에는 나뭇가지 그림보다 더 유용한 곱셈을 이용하여 만들 수 있는 수의 개수를 간단히 구합니다.

1

수영: 7 ─ 8
     ╲ 9
   8 ─ 7
     ╲ 9   ➡ 6개
   9 ─ 7
     ╲ 8

진희: 2 ─ 0
     ╱ 4
     5
     ╲ 9
   4 ─ 0
     ╱ 2
     5
     ╲ 9   ➡ 16개
   5 ─ 0
     ╱ 2
     4
     ╲ 9
   9 ─ 0
     ╱ 2
     4
     ╲ 5

미라: 1 ─ 2
     ╱ 7
     8
   2 ─ 1
     ╱ 7
     8   ➡ 12개
   7 ─ 1
     ╱ 2
     8
   8 ─ 1
     ╱ 2
     7

지연: 3 ─ 6
     ╱ 8
   6 ─ 3
     ╲ 6
     8   ➡ 7개
   8 ─ 3
     ╲ 6

따라서 가장 많은 수를 만들 수 있는 사람부터 쓰면 진희, 미라, 지연, 수영입니다.

> **다른 풀이**
> 각 자리에 놓을 수 있는 숫자의 개수를 세어 (십의 자리에 놓을 수 있는 숫자의 개수)×(일의 자리에 놓을 수 있는 숫자의 개수)를 구합니다.
> 수영: $3×2=6$(개), 진희: $4×4=16$(개) (십의 자리에 0을 놓을 수 없습니다.)
> 미라: $4×3=12$(개), 지연: $3×3=9$(개) (이 중에 86과 36은 두 번씩 만들어지므로 2를 뺍니다.) ➡ $9-2=7$(개)
> 따라서 가장 많은 수를 만들 수 있는 사람부터 쓰면 진희, 미라, 지연, 수영입니다.

최상위 사고력 A (만들 수 있는 세 자리 수)＝(백의 자리에 놓을 수 있는 숫자의 개수)×(십의 자리에 놓을 수 있는 숫자의 개수)×(일의 자리에 놓을 수 있는 숫자의 개수)

백의 자리에 놓을 수 있는 숫자는 4개 중 0을 제외한 3개입니다.

십의 자리에 놓을 수 있는 숫자는 4개 중 백의 자리에 I개를 사용하고 남은 3개입니다.

일의 자리에 놓을 수 있는 숫자는 4개 중 백의 자리와 일의 자리에 사용한 2개의 수를 제외한 2개입니다.

따라서 만들 수 있는 세 자리 수는 $3 \times 3 \times 2 = 18$(개)입니다.

해결 전략
가장 높은 자리부터(백→십→일) 놓을 수 있는 숫자의 개수를 곱하여 구합니다.

최상위 사고력 B 대칭수가 되기 위해서는 일의 자리 숫자와 백의 자리 숫자가 같아야 합니다. 수 카드가 2장씩 있으므로 십의 자리에 놓을 수 있는 숫자는 일의 자리와 백의 자리에 사용한 숫자를 제외한 9개입니다.

백의 자리와 일의 자리에 0을 제외한 I부터 9까지 9개의 같은 숫자가 사용되므로 만들 수 있는 대칭수는

(백의 자리에 놓을 수 있는 숫자의 개수)×(십의 자리에 놓을 수 있는 숫자의 개수)＝$9 \times 9 = 81$(개)입니다.

주의
수 카드가 2장씩 있으므로 III, 222…… 등과 같은 대칭수는 만들 수 없습니다.

5-3. 복잡한 덧셈하기
50~51쪽

1 9, 63   **2** 9, 9, 81   **최상위 사고력** (1) 35 (2) 54 (3) 64

1 $7 \times \square$는 7을 $\square$번 더한 값이므로 표 안에 7이 몇 번 있는지 세어 봅니다.

표 안에는 맨 오른쪽 세로줄의 가장 아래에 7이 하나 뿐이고 나머지는 I, 2, 4로만 되어 있습니다. $1+2+4=7$이므로 I, 2, 4가 하나씩 포함되는 묶음의 수와 하나 뿐인 7을 더한 값이 $\square$ 안에 들어가는 수입니다.

I, 2, 4가 포함된 묶음은 8묶음이고, 7은 I개 있으므로 $\square$ 안에 알맞은 수는 9입니다. ➡ $7 \times 9 = 63$

보충 개념
같은 수를 여러 번 더할 때 필요한 연산 방법이 곱셈입니다.

2 달력에 있는 수들은 오른쪽으로 갈수록 1씩 커지고, 아래쪽으로 갈수록 7씩 커지는 규칙이 있습니다. 이 규칙을 이용하면 색칠한 칸에 있는 수들을 가운데 수를 기준으로 다음과 같이 나타낼 수 있습니다.

해결 전략
달력 안의 수들의 규칙을 찾아봅니다.

□−8	□−7	□−6
□−1	□	□+1
□+6	□+7	□+8

9개의 수들을 모두 더하면

□−8+□−7+□−6+□−1+□+□+1+□+6+□+7+□+8

=□+□+□+□+□+□+□+□+□

=□×9입니다.

따라서 가운데 수가 9일 때의 합은 9×9=81입니다.

최상위 사고력 (1) 1, 1, 2, 3이 되풀이되는 규칙입니다.

앞에서부터 4개의 수 1, 1, 2, 3을 차례로 묶어 생각하면 20번째까지 5묶음이 있습니다.

1+1+2+3=7이므로 20번째 수까지의 합은 7×5=35입니다.

해결 전략
(1) 수가 나열된 규칙을 먼저 찾아봅니다.
(2) 6을 9번 더한 값은 6×9=54와 같습니다.

(2) 가는 1, 1, 2, 3이 되풀이되는 규칙이고, 나는 5, 5, 4, 3이 되풀이되는 규칙입니다.

가와 나에서 9번째 수까지의 합을 각각 구한 후 더할 수도 있지만 가와 나의 같은 순서에 있는 수들을 더하면

1+5=6, 1+5=6, 2+4=6, 3+3=6 ……으로 모두 6이 됩니다.

따라서 가에서 9번째 수까지의 합과 나에서 9번째 수까지의 합을 더하면 6×9=54입니다.

(3) 다는 90부터 3씩 작아지는 규칙이고, 라는 61부터 3씩 커지는 규칙입니다.

다와 라에서 수를 8번째까지 쓰면 다음과 같습니다.

다. 90, 87, 84, 81, 78, 75, 72, 69

라. 61, 64, 67, 70, 73, 76, 79, 82

여기서 라의 순서를 거꾸로 써서 다와 비교해 보면 같은 순서에 있는 수들의 차는

90−82=8, 87−79=8, 84−76=8, 81−73=8 ……로 모두 8이 됩니다.

주의
(3) 다에서 8번째 수까지의 합과 라에서 8번째 수까지의 합을 각각 구해서 빼려고 하면 어렵습니다.
같은 순서에 있는 수들의 차가 같도록 수를 배열한 다음 그 차를 8번 더하여(8을 곱하여) 계산합니다.

다. 90, 87, 84, 81, 78, 75, 72, 69

라. 82, 79, 76, 73, 70, 67, 64, 61

    8 8 8 8 8 8 8 8

따라서 다에서 8번째 수까지의 합과 라에서 8번째 수까지의 합의 차는 8+8+……+8+8=8×8=64입니다.

       └─── 8번 ───┘

1 9, 9, 81   **2** 12가지   **3** 20개   **4** 12개

1 첫 번째 가로줄에 들어가는 수의 합:

$2×3+2×5+2×1=2×(3+5+1)=2×9$

두 번째 가로줄에 들어가는 수의 합:

$3×3+3×5+3×1=3×(3+5+1)=3×9$

세 번째 가로줄에 들어가는 수의 합:

$4×3+4×5+4×1=4×(3+5+1)=4×9$

따라서 빈칸에 들어가는 수의 합은

$2×9+3×9+4×9=(2+3+4)×9=9×9=81$입니다.

> **보충 개념**
> 같은 수를 곱한 값의 합이나 차는 다음과 같이 묶어서 나타낼 수 있습니다.
> 예 $2×●+2×■=2×(●+■)$
> $3×▲-3×★=3×(▲-★)$

2 (지우네 집에서 경미네 집에 가는 방법)=(버스 노선 4개 중 1개를 고르는 가짓수)

(경미네 집에서 지우네 집에 가는 방법)=(지하철 노선 3개 중 1개를 고르는 가짓수)

따라서 지우가 대중교통을 이용할 수 있는 방법은

(버스 노선의 가짓수)×(지하철 노선의 가짓수)=$4×3=12$(가지)입니다.

3 합으로 만들 수 있는 수 중에 가장 작은 수는 $1+1=2$이고,

가장 큰 수는 $6+6=12$이므로 합으로 만들 수 있는 수는 2부터 12까지 11개입니다.

곱으로 만들 수 있는 수는 표를 이용하여 구하면 다음과 같습니다.

×	1	2	3	4	5	6
1	①					
2	2	4				
3	3	6	9			
4	4	8	12	⑯		
5	5	10	⑮	⑳	㉕	
6	6	12	⑱	㉔	㉚	㊱

이 중 합으로 만들 수 있는 수와 중복되지 않는 수는 ◯표 한 수로 9개입니다.

따라서 만들 수 있는 수는 모두

$11+9=20$(개)입니다.

4 네 자리 수이므로 ㉠은 0이 될 수 없습니다.

세 번째 조건에서 ㉠×3=㉢이므로

(㉠, ㉢)은 (1, 3), (2, 6), (3, 9)가 될 수 있습니다.

3가지 경우일 때 두 번째 조건과 네 번째 조건을 만족하는 수를 각각 구합니다.

① (㉠, ㉢)=(1, 3)인 경우

| 1 2 3 9 | | 1 4 3 7 | | 1 5 3 6 | | 1 6 3 5 | | 1 7 3 4 | | 1 9 3 2 | ➡ 6개 |

② (㉠, ㉢)=(2, 6)인 경우

| 2 0 6 7 | | 2 3 6 4 | | 2 4 6 3 | | 2 7 6 0 | ➡ 4개 |

③ (㉠, ㉢)=(3, 9)인 경우

| 3 1 9 2 | | 3 2 9 1 | ➡ 2개 |

따라서 조건을 만족하는 네 자리 수는 모두 $6+4+2=12$(개)입니다.

> **해결 전략**
> 첫 번째와 세 번째 조건을 이용하여 (㉠, ㉢)이 될 수 있는 경우를 구합니다.

6-1. 기호를 사용하여 나타내기

1 (위에서부터) 45 / 25, 24, 21, 27 / 5, 4, 3, 3   **2** 5◆8=24, 2◆6=24

최상위 사고력 (1) 21, 54 (2) 예) ⊙⊙○○, ◎○

> **저자 톡!** 곱셈도 하나의 약속인 것처럼 곱셈이 포함된 새로운 연산 규칙을 경험하며 유연한 사고를 기를 수 있도록 합니다.

1

ㄱ~ㄹ까지 순서대로 구하고, ㅁ~ㅇ까지 순서대로 구한 후
마지막으로 ㅈ을 구합니다.
ㄱ에 1부터 9까지의 수를 넣어 보면 ㄱ=5만 될 수 있고,
ㄴ=5×5=25, ㄷ=49−25=24, ㄹ×6=24이므로 ㄹ=4입니다.
ㅁ에 1부터 9까지의 수를 넣어 보면 ㅁ=3만 될 수 있고,
ㅂ=3×9=27, ㅅ=48−27=21, 7×ㅇ=21이므로 ㅇ=3입니다.
ㄷ+ㅅ=ㅈ이므로 ㅈ=24+21=45입니다.

> **보충 개념**
> ㄱ=1 → ㄴ=5, ㄷ=44(6단의 수가 아님)
> ㄱ=2 → ㄴ=10, ㄷ=39(6단의 수가 아님)
>   ⋮
> 이와 같은 방법으로 찾아보면 ㄱ=5인
> 경우만 만족합니다.

2 ㄱ◆ㄴ=(ㄴ−ㄱ)×ㄴ이므로 ㄴ이 ㄱ보다 큽니다.
24를 뒤의 수가 더 크도록 두 수의 곱으로 나타내면 1×24, 2×12,
3×8=24, 4×6=24인데 □ 안에 들어갈 수 있는 수는 한 자리 수
이므로 3×8=24, 4×6=24만 가능합니다.
3×8=24인 경우 기호 ◆를 사용한 식으로 나타내면
ㄱ◆ㄴ=(ㄴ−ㄱ)×ㄴ=24이므로 ㄱ=5가 됩니다. ➡ 5◆8=24
          └3 └8
4×6=24인 경우 기호 ◆를 사용한 식으로 나타내면
ㄱ◆ㄴ=(ㄴ−ㄱ)×ㄴ=24이므로 ㄱ=2가 됩니다. ➡ 2◆6=24
          └4 └6

최상위 사고력 ○를 옆으로 그리면 3을 그 수만큼 더한 것이고, ◎를 포함하게 그
리면 3을 그 수만큼 곱하는 규칙입니다.
(1) 3+3+3+3+3×3=3×7=21
      └─3+3+3─┘
    3×3×3+(3+3+3)×3=27+9×3=27+27=54
    └──────┘
(2) 24=18+6=6×3+6=(3+3)×3+3+3=◎◎○○(5번)
    30=27+3=3×3×3+3=◎◎○(4번)

> **보충 개념**
> ( ), 덧셈, 곱셈이 섞여 있는 식은
> ( ) ➡ 곱셈 ➡ 덧셈 순서로 계산합니다.

> **해결 전략**
> 24와 30을 3을 여러 번 더하거나 곱한 수
> 로 바꿔서 생각합니다.

1 237	**2** 6, 2, 4	최상위 사고력　0, 2, 3, 1, 4, 6, 5

저자 톡! 여러 개의 덧셈식, 뺄셈식, 곱셈식이 주어질 때 모르는 수를 구하는 내용입니다. 모르는 수를 어떤 수로 가정하는 것도 중요하지만 여러 개의 식 중에 어떤 식을 먼저 이용해야 하는지를 중점적으로 학습할 수 있도록 합니다.

1 민수가 생각한 수는 세 자리 수이므로 ㉠㉡㉢이라 하면 마지막 민수의 말에 의해 ㉠<㉡<㉢임을 알 수 있습니다.

또한 두 번째 민수의 말에 의해 ㉠×㉡×㉢=42를 만족하는 수를 찾아 ㉠+㉡+㉢의 값을 구합니다.

㉠	㉡	㉢	㉠+㉡+㉢
1	6	7	14
2	3	7	12

따라서 조건에 맞는 수는 ㉠=2, ㉡=3, ㉢=7일 때이므로 민수가 생각한 수는 237입니다.

> **해결 전략**
> 합과 곱의 조건 중에 경우가 더 적게 나오는 조건부터 살펴봅니다.

2 주어진 3개의 식 중에서 가장 적은 방법으로 ●, ■, ▲를 찾을 수 있는 식은 곱으로만 나타낸 세 번째 식입니다.

48을 작은 수부터 사용하여 서로 다른 세 수의 곱으로 나타내면 $1×6×8=48$, $2×3×8=48$, $2×4×6=48$입니다.

이 중에 두 번째 식 ●−■−▲=0을 만족하는 식은 $2×4×6=48$로 $6−4−2=0$이 됩니다.

➡ ●=6 ■와 ▲는 2와 4 중 하나씩입니다.

첫 번째 식 ●+■−▲=4에서 6+■−▲=4이므로 ■=2, ▲=4
　　　　　　└─6
입니다.

따라서 ●=6, ■=2, ▲=4입니다.

> **해결 전략**
> 세 번째 식을 보고 세 수의 곱이 48이 되는 식을 만들어 봅니다.

**최상위
사고력** 첫 번째 식 ㉠×㉦=㉠에서 ㉦=1이거나 ㉠=0입니다.

㉦=1이면 네 번째 식 ㉢+㉡=㉦을 만족하지 않으므로 ㉠=0입니다.

여섯 번째 식 ㉢×㉣=㉢에서 ㉢은 0이 될 수 없으므로 ㉣=1이고, 이것을 세 번째 식 ㉣+㉣+㉣=㉢에 넣으면 1+1+1=3이므로 ㉢=3입니다.

두 번째 식 ㉡+㉡+㉡=㉫에서 ㉡, ㉫은 0, 1, 3이 아니므로 ㉡=2이면 ㉫=6이고, ㉡이 3보다 크면 ㉫이 한 자리 수가 될 수 없습니다.

➡ ㉡=2, ㉫=6

㉡=2를 다섯 번째 식 ㉡×㉡=㉤에 넣으면 2×2=4이므로 ㉤=4입니다.

㉡=2, ㉢=3을 네 번째 식 ㉢+㉡=㉦에 넣으면 3+2=5이므로 ㉦=5입니다.

따라서 ㉠=0, ㉡=2, ㉢=3, ㉣=1, ㉤=4, ㉫=6, ㉦=5입니다.

> **보충 개념**
> 1×(어떤 수)=(어떤 수)인 이유
> ➡ 더한 횟수가 곱이 되기 때문입니다.
> 예) $1×3=\underset{3번}{\underline{1+1+1}}=3$
> 　　$1×4=\underset{4번}{\underline{1+1+1+1}}=4$
> 0×(어떤 수)=0인 이유
> ➡ 0은 아무리 여러 번 더해도 0이기 때문입니다.
> 예) $0×3=\underset{3번}{\underline{0+0+0}}=0$
> 　　$0×4=\underset{4번}{\underline{0+0+0+0}}=0$

1 (1) 76 ➡ 42 ➡ 8, 2 / 47 ➡ 28 ➡ 16 ➡ 6, 3 / 246 ➡ 48 ➡ 32 ➡ 6, 3 　(2) 77

최상위
사고력　5
A

최상위
사고력　10개
B

저자 톡! 여러 번에 걸쳐 계산한 결과를 보고 처음 수를 구하는 내용입니다. 머릿속으로만 생각하면 복잡하고 어려울 수 있지만 화살표를 그려 뒤에서부터 거꾸로 풀면 쉽게 해결할 수 있습니다.

1

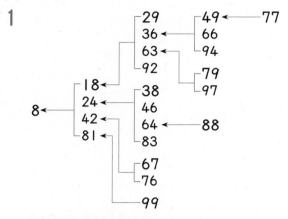

해결 전략
마지막에 남는 수 8에서부터 거꾸로 생각하여 구합니다.

따라서 연결의 길이가 4인 수는 77입니다.

최상위
사고력
A

$$ⓒ \xrightarrow[\div 3]{\times 3} ⓛ \xrightarrow[+5]{-5} ⓐ \xrightarrow[-10]{+10} 20$$

해결 전략
조건을 차례로 나열한 후 뒤에서부터 거꾸로 풀어 봅니다.

20-10=10이므로 ⓐ=10입니다. 10+5=15이므로 ⓛ=15입니다.
ⓒ×3=15에서 5×3=15이므로 ⓒ=5입니다. 따라서 처음 수는 5입니다.

최상위
사고력
B

3부터 거꾸로 생각하여 두 자리 수를 찾아봅니다.
각 자리 숫자의 합이 3이 되는 두 자리 수는 12, 21, 30입니다. 21과 30은 각 자리 숫자의 곱으로만 만들 수 있지만 12는 각 자리 숫자의 곱뿐만 아니라 합으로도 만들 수 있습니다.

해결 전략
각 자리 숫자의 곱이 3이 되는 두 자리 수는 없습니다.

해결 전략
각 자리 숫자의 합으로 만들 수 있는 가장 큰 수는 18입니다.

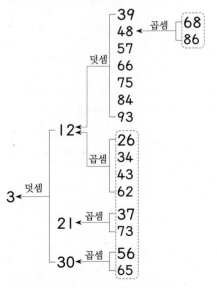

따라서 한 자리 수가 3이 되는 두 자리 수는 68, 86, 26, 34, 43, 62, 37, 73, 56, 65로 모두 10개입니다.

1 5, 2, 6, 3

2

24×			4+
3	4	2	1
8×	6+		
4	2	1	3
		8×	
2	1	3	4
12×			
1	3	4	2

3 (1) 8 (2) 2

4 예) 1+7=8(또는 7+1=8)
/ 9−5=4(또는 9−4=5)
/ 2×3=6(또는 3×2=6)

---

1 가, 나, 다, 라는 모두 10보다 크고 20보다 작은 수이므로
●, ◆, ♥, ★이 될 수 있는 수는 ●=4, 5, 6, ◆=2, ♥=6, 7, 8, 9,
★=3입니다.

> **보충 개념**
> 7×1=7
> 7×2=14
> 7×3=21이므로
> ◆=2밖에 될 수 없습니다.

나=7×2=14, 라=5×3=15이고 가, 나, 다, 라의 합이 56이므로
가+나+다+라=가+14+다+15=56, 가+다=27입니다.
가=12, 15, 18 중에 하나인데 다는 짝수이므로 가는 홀수가 되어야 합니다.
가=15, 다=12 ➡ 가=3×●=15, ●=5, 다=2×♥=12, ♥=6
따라서 ●=5, ◆=2, ♥=6, ★=3입니다.

2

24×			4+
			1
8×	6+		
		1	3
		8×	
12×			

➡

24×			4+
			1
8×	6+		
	2	1	3
		8×	
	3		
12×			

➡

24×			4+
			1
8×	6+		
4	2	1	3
		8×	
	3		
12×			

➡

□+□=4를 만족하는 두 수는 1, 3 또는 2, 2인데 같은 세로줄에 같은 수를 사용할 수 없으므로 1, 3이 들어갑니다. 1이 있는 가로줄에 1을 쓸 수 없으므로 위에서부터 1, 3이 들어갑니다.

□+1+□=6을 만족하는 두 수는 1, 4 또는 2, 3인데 같은 줄에 같은 수를 사용할 수 없으므로 2, 3이 들어갑니다. 3이 있는 가로줄에 3을 쓸 수 없으므로 위에서부터 2, 3이 들어갑니다.

같은 가로줄에 1, 2, 3, 4가 모두 있어야 하므로 4가 들어갑니다.

24×			4+
			1
8×	6+		
4	2	1	3
		8×	
2	1	3	
12×			

➡

24×			4+
			1
8×	6+		
4	2	1	3
		8×	
2	1	3	4
12×			
			2

➡

24×		2	4+
			1
8×	6+		
4	2	1	3
		8×	
2	1	3	4
12×			
		4	2

➡

4×□×□=8을 만족하는 수는 1, 2인데 같은 세로 줄에 같은 수를 사용할 수 없으므로 왼쪽에서부터 2, 1이 들어갑니다.

같은 가로줄에 1, 2, 3, 4가 모두 있어야 하므로 4가 들어갑니다.
4×□=8을 만족하는 수는 2이므로 2가 들어갑니다.

같은 세로줄에 1, 2, 3, 4가 모두 있어야 하는데 2, 4가 없습니다. 또, 같은 가로줄에 같은 수를 쓸 수 없으므로 위쪽에 2, 아래쪽에 4가 들어갑니다.

24×		2	4+
			1
8×	6+		
4	2	1	3
		8×	
2	1	3	4
12×			
1	3	4	2

➡

24×			4+
3	4	2	1
8×	6+		
4	2	1	3
		8×	
2	1	3	4
12×			
1	3	4	2

□×□×4=12를 만족하는 두 수는 1, 3인데 같은 세로줄에 같은 수를 쓸 수 없으므로 왼쪽에서부터 1, 3이 들어갑니다.

같은 세로줄에 1, 2, 3, 4가 모두 들어가도록 빈칸을 채웁니다.

3 (1) $4 \blacktriangle \square = 4 \times \square - 4 + \square = 5 \times \square - 4 = 36$

$5 \times \square = 40$, $\square = 8$

(2) $\square \blacktriangle 6 = \square \times 6 - \square + 6 = \square \times 5 + 6 = 16$

$\square \times 5 = 10$, $\square = 2$

4 방법의 가짓수가 가장 적은 곱셈식부터 찾아보면

가능한 경우는 $2 \times 3 = 6$(또는 $3 \times 2 = 6$), $2 \times 4 = 8$(또는 $4 \times 2 = 8$)

로 두 가지입니다.

두 번째 뺄셈식은 덧셈식으로 바꾸어 생각할 수 있으므로 각 경우에

2개의 알맞은 덧셈식을 찾아봅니다.

① $2 \times 3 = 6$인 경우

사용하지 않은 수 1, 4, 5, 7, 8, 9로 2개의 덧셈식을 만들면

$1 + 7 = 8$, $4 + 5 = 9$입니다.

➡ · $1 + 7 = 8$(또는 $7 + 1 = 8$), $9 - 5 = 4$(또는 $9 - 4 = 5$),

· $4 + 5 = 9$(또는 $5 + 4 = 9$), $8 - 1 = 7$(또는 $8 - 7 = 1$)

② $2 \times 4 = 8$인 경우

사용하지 않은 수 1, 3, 5, 6, 7, 9로 2개의 덧셈식을 만들 수 없습니다.

Review Ⅱ 연산

62~65쪽

1 8, 2, 4 / 3, 1, 5

2 7

3 15개

4 (위에서부터) 21, 24 / 24 / 30, 35 / 36, 42

5 (1) 5단 (2) 4, 9, 16, 36

6 56, 35

7

3	8	2	48
5	1	7	35
1	9	2	18
15	72	28	

8 24개

1 첫 번째 식 $3 \times \square = \square\square$를 만족하는 식은

$3 \times \boxed{4} = \boxed{1}\boxed{2}$, $3 \times \boxed{8} = \boxed{2}\boxed{4}$로 두 가지입니다.

$3 \times \boxed{4} = \boxed{1}\boxed{2}$인 경우 사용하지 않은 수 3, 5, 8로

두 번째 식 $5 \times \square = \square\square$를 만들 수 없습니다.

$3 \times \boxed{8} = \boxed{2}\boxed{4}$인 경우 사용하지 않은 수 1, 3, 5로

두 번째 식 $5 \times \boxed{3} = \boxed{1}\boxed{5}$를 만들 수 있습니다.

해결 전략

주어진 수 카드를 넣어 한 가지 식을 만든 다음 남은 수 카드로 남은 식을 완성합니다.

2 첫 번째 조건에 의해 어떤 수는 4보다 크고 9보다 작으므로 5, 6, 7, 8 중에 하나입니다.
두 번째 조건에 의해 어떤 수의 4배는 30보다 작으므로 어떤 수는 5, 6, 7 중에 하나입니다.
세 번째 조건에 의해 어떤 수의 6배는 40보다 크므로 어떤 수는 7입니다.
따라서 조건을 모두 만족하는 어떤 수는 7입니다.

해결 전략
$5 \times 4 = 20 < 30$, $6 \times 4 = 24 < 30$,
$7 \times 4 = 28 < 30$, $8 \times 4 = 32 > 30$

3 작은 사각형의 땅 위에 깔려 있는 타일의 수는 (가로줄에 있는 타일의 수)×(세로줄에 있는 타일의 수)를 나타냅니다.
먼저 6과 10의 세로줄에 공통으로 들어갈 수 있는 타일의 수는 1개 또는 2개입니다.

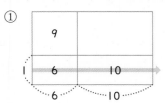 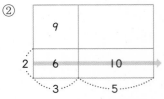

이때 6과 9의 가로줄에 공통으로 들어갈 수 있는 타일의 수는 ②만 가능합니다.

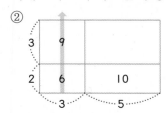 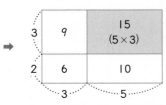

9의 세로줄에 있는 타일은 $3 \times \square = 9$, $\square = 3$이므로 3개이고, 색칠한 부분 위에 깔려 있는 타일은 $5 \times 3 = 15$(개)입니다.

4

일의 자리 숫자가 0, 5가 연속으로 나오므로 5단입니다.

곱셈구구표에서 오른쪽과 아래쪽으로 갈수록 각각 1단씩 커지고, $18 = 6 \times 3$을 이용하여 각 단을 쓰면 위와 같습니다.

5 (1) 1단부터 9단 중에 일의 자리 숫자가 2개씩 반복되는 것은 5, 0이 되풀이되는 5단 뿐입니다.
(2) 곱셈구구표에서 홀수 번 나오는 수는 대각선에 있는 수 1, 4, 9, 16, 25, 36, 49, 64, 81입니다.
이 중에서 곱셈구구표에 3번 나오는 수는 3가지 방법으로 곱을 나타낼 수 있어야 합니다.
$4 = 1 \times 4 = 2 \times 2 = 4 \times 1$, $9 = 1 \times 9 = 3 \times 3 = 9 \times 1$,
$16 = 2 \times 8 = 4 \times 4 = 8 \times 2$, $36 = 4 \times 9 = 6 \times 6 = 9 \times 4$이므로
세 번 나오는 수는 4, 9, 16, 36입니다.

6 곱한 값이 가장 크려면 곱해야 하는 두 수도 커야 하므로 가장 작은 수 2는 사용하지 않습니다. 곱하는 두 수의 합은 일정하면서 두 수의 곱이 가장 크려면 두 수의 차가 작아야 하므로 가장 큰 값은 3+4=7과 3+5=8을 곱한 값인 7×8=56입니다.

곱한 값이 가장 작으려면 곱해야 하는 두 수도 작아야 하므로 가장 큰 수 5는 사용하지 않습니다. 곱하는 두 수의 합은 일정하면서 두 수의 곱이 가장 작으려면 두 수의 차는 커야 하므로 가장 작은 값은 2+3=5와 3+4=7을 곱한 값인 35입니다.

따라서 가장 큰 값은 56, 가장 작은 값은 35입니다.

해결 전략

㉠×㉡

• 두 수의 곱이 가장 크려면 두 수의 차가 작아야 합니다.

• 두 수의 곱이 가장 작으려면 두 수의 차가 커야 합니다.

7 방법의 수가 가장 적은 첫 번째 세로줄의 빈칸에 알맞은 수부터 구합니다.

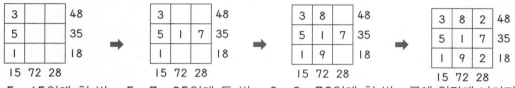

3×5=15인데 첫 번째 가로줄의 수들을 곱하여 48이 되어야 하므로 5는 첫 번째 가로줄에 들어갈 수 없습니다.

5×7=35인데 두 번째 세로줄의 수들을 곱하여 72가 되어야 하므로 7은 한 가운데 들어갈 수 없습니다.

8×9=72인데 첫 번째 가로줄의 수들을 곱하여 48이 되어야 하므로 9는 첫 번째 가로줄에 들어갈 수 없습니다.

곱에 알맞게 나머지 빈칸도 채웁니다.

8 홀수는 일의 자리 숫자가 홀수이므로 일의 자리 숫자가 1 또는 5인 경우로 나누어 구합니다.

① 일의 자리 숫자가 1인 경우 : ☐ ☐ 1

(백의 자리에 놓을 수 있는 숫자의 개수)×(십의 자리에 놓을 수 있는 숫자의 개수)=4×3=12(개)

② 일의 자리 숫자가 5인 경우 : ☐ ☐ 5

(백의 자리에 놓을 수 있는 숫자의 개수)×(십의 자리에 놓을 수 있는 숫자의 개수)=4×3=12(개)

따라서 만들 수 있는 수는 모두 12+12=24(개)입니다.

사고력이 톡톡 💡

66쪽

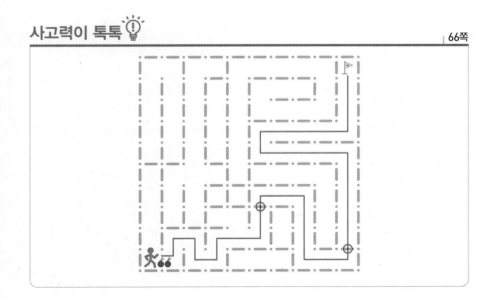

Ⅲ 측정(1)

이번 단원에서는 조건이 몇 개씩 빠진 상황 속에서 다양한 방법으로 길이를 재는 문제들을 학습합니다. 주어진 조건만 가지고 원하는 길이를 구할 수 없을 것 같지만 그림을 그리거나 표를 이용하면 문제를 의외로 쉽게 해결할 수 있습니다.

8 짧은 길이의 활용은 실제 생활 속에서 유용하게 이용할 수 있는 주제로 두 지점 사이의 거리를 구한다거나 좀 더 빠른 길을 찾는 문제를 경험하며 실제 생활 속에 활용하는 기회를 가져 봅니다.

최상위 사고력 **7** 길이 재기

7-1. 길이의 차와 막대의 길이	68~69쪽

| **1** 14 m
 최상위 사고력 13 cm | **2** 80 cm |

> **저자 톡!** 길고 짧은 막대의 길이의 차를 이용하여 두 막대의 길이를 구하는 내용입니다. 길이를 어떤 수라고 생각하여 구할 수 있지만 논리적으로 간단히 구할 수 있도록 합니다.

1 짧은 도막의 길이를 ■m라 하면 긴 도막의 길이는 (■+8)m입니다.
자르기 전 막대의 길이가 20 m이므로 ■+■+8=20, ■+■=12
이고 6+6=12이므로 ■=6입니다.
따라서 긴 도막의 길이는 6+8=14(m)입니다.

> **해결 전략**
> 긴 도막과 짧은 도막의 길이의 차는 8 m입니다.

| ■m | 8 m |
| ■m | |

■+■=12 →

| 6 m | 8 m |
| 6 m | |

다른 풀이
표를 이용하여 풀어 봅니다.

긴 도막의 길이(m)	19	18	17	16	15	14
짧은 도막의 길이(m)	1	2	3	4	5	6
길이의 차(m)	18	16	14	12	10	8

따라서 긴 도막의 길이는 14 m입니다.

2 긴 막대를 남는 부분이 없도록 잘라서 짧은 막대를 4개 만들 수 있으므로 짧은 막대 3개의 길이는 긴 막대와 짧은 막대의 길이의 차인 60 cm와 같습니다.

> **해결 전략**
> 긴 막대의 길이는 짧은 막대 4개의 길이의 합과 같습니다.

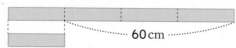

짧은 막대의 길이를 ■cm라 하면 ■+■+■=60이고
20+20+20=60이므로 ■=20입니다.
따라서 긴 막대의 길이는 20+60=80(cm)입니다.

최상위 사고력 빨간색 막대의 길이를 ■cm라 하면 다음과 같이 나타낼 수 있습니다.

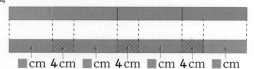

■cm 4cm ■cm 4cm ■cm 4cm ■cm

이어 붙인 전체 길이가 48cm이므로

■+■+■+■+4+4+4=48입니다.

■+■+■+■+12=48, ■+■+■+■=36이고

9+9+9+9=36이므로 ■=9입니다.

따라서 초록색 막대 1개의 길이는 9+4=13(cm)입니다.

> **보충 개념**
> 초록색 막대는 빨간색 막대보다 4cm 더 깁니다.
>
>
> 4cm

7-2. 띄어 만든 길이, 겹쳐 만든 길이

70~71쪽

1 380cm

2 42cm

최상위 사고력 3m

저자 톡! 일정하게 겹쳐 있거나 띄어 있는 상황에서 전체 길이 또는 일부분의 길이를 구하는 내용입니다. 실수하기 쉬운 문제이므로 구해야 할 것은 무엇이고 주어진 조건은 무엇인지 생각하여 문제를 해결합니다.

1 칠판 안쪽의 가로는 액자 8개의 가로와 액자 사이의 간격의 길이를 모두 더한 길이와 같습니다.

액자 8개의 가로의 합은 30×8=240(cm)입니다.

액자 사이의 간격은 8-1=7(군데)이므로 액자 사이의 간격의 길이의 합은 20×7=140(cm)입니다.

따라서 칠판 안쪽의 가로는 240+140=380(cm)입니다.

> **보충 개념**
> ■개의 액자가 나란히 걸려있을 때, 액자 사이의 간격은 (■-1)군데입니다.

2 고리 10개를 연결한 전체 길이는 고리 10개의 길이의 합에서 겹쳐진 부분의 길이를 뺀 것과 같습니다.

고리 10개를 연결하면 고리끼리 겹쳐지는 곳이 10-1=9(군데) 생기고, 겹쳐진 부분의 길이는 1+1=2(cm)입니다.

(고리 10개의 길이의 합)=6×10=60(cm)

(겹쳐진 부분의 길이의 합)=2×9=18(cm)

➡ ㉠=(고리 10개의 길이의 합)-(겹쳐진 부분의 길이의 합)

=60-18=42(cm)

> **보충 개념**
> ■개의 고리를 연결할 때, 겹쳐지는 곳은 (■-1)군데입니다.

> **다른 풀이**
> 고리 1개의 길이는 6cm이고, 고리 1개가 늘어날 때마다 길이가 4cm씩 늘어납니다.
> 따라서 고리 10개를 연결한 전체 길이 ㉠은 6+4×9=6+36=42(cm)입니다.

최상위 사고력 강물 아래에 있는 철사의 길이는 강물의 깊이와 같습니다.

강물의 깊이를 ■m라 하면 (㉠의 철사의 길이)=■×2+9×2,

(㉡의 철사의 길이)=■×4+3×4입니다.

㉠과 ㉡의 철사의 길이는 같으므로

■×2+9×2=■×4+3×4 ➡ ■×2+18=■×4+12,

■×2=6, ■=3입니다.

따라서 강물의 깊이는 3m입니다.

해결 전략
철사를 구부리면 ▮길이가 같은 두 부분으로 나누어집니다.

다른 풀이

㉠에서 강물 위에 있는 철사의 길이는 ㉡에서 강물 위에 있는 철사의 길이와 강물 아래에 있는 구부린 철사 2개의 길이의 합과 같습니다.

강물의 깊이를 ■m라 하면

9×2=3×4+■×2 ➡ 18=12+■×2, ■×2=6, ■=3입니다.

따라서 강물의 깊이는 3m입니다.

7-3. 잴 수 있는 길이

72~73쪽

1 9가지	**2** ②, ④	**최상위 사고력** 1cm, 3cm, 9cm

저자 톡! 주어진 길이의 막대를 다양한 방법으로 대어 보며 잴 수 있는 길이를 빠짐없이 찾는 내용입니다. 가장 적은 수의 막대로 가장 많은 길이를 재려면 어떤 막대가 필요한 지 논리적으로 생각하는 힘이 필요합니다.

1 주어진 2개의 막대로 잴 수 있는 가장 짧은 길이는 1cm이고, 가장 긴 길이는 3+8=11(cm)입니다.

1cm와 11cm 사이에 잴 수 있는 길이를 찾아봅니다.

주의
막대의 두께 1cm로도 길이를 잴 수 있습니다.

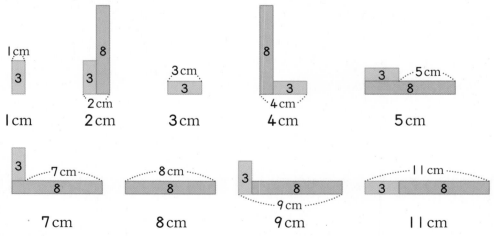

따라서 잴 수 있는 길이는 1cm, 2cm, 3cm, 4cm, 5cm, 7cm, 8cm, 9cm, 11cm로 모두 9가지입니다.

2 • 주어진 막대 2개로만 잴 수 있는 길이는 1 cm, 8 cm, 9 cm입니다.
　　2 cm를 재기 위해서는 1 cm 또는 2 cm 막대가 필요합니다. 1 cm
　　막대는 1 cm를 중복하여 재게 되므로 2 cm 막대를 고릅니다.

　　• 1 cm, 2 cm, 8 cm 막대로 잴 수 있는 길이는 1 cm, 2 cm, 3 cm,
　　8 cm, 9 cm, 10 cm, 11 cm입니다. 4 cm, 5 cm, 6 cm, 7 cm,
　　12 cm, 13 cm의 길이를 재기 위해 더 필요한 막대를 찾아보면
　　4 cm 막대입니다.

1 cm, 2 cm, 4 cm, 8 cm 막대로 1 cm부터 13 cm까지 1 cm 간격
의 모든 길이를 재는 방법은 다음과 같습니다.

(cm 단위 생략)

1	1	6	2+4	11	1+2+8
2	2	7	1+2+4	12	4+8
3	1+2	8	8	13	1+4+8
4	4	9	1+8		
5	1+4	10	2+8		

따라서 더 필요한 막대 2개는 2 cm 막대와 4 cm 막대입니다.

최상위 사고력 막대 3개로 1 cm부터 13 cm까지 1 cm 간격의 모든 길이를 재야 하므로 최대한 많은 길이를 잴 수 있는 막대
를 골라야 합니다.

1 cm와 3 cm 막대가 있으면 1 cm, 2 cm, 3 cm, 4 cm의 길이를 잴 수 있습니다.

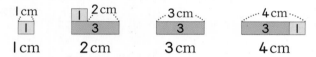

13 cm를 재야 하므로 13−1−3=9 cm 막대가 필요합니다.

9 cm 막대를 이용하면 5 cm부터 13 cm까지 1 cm 간격의 모든 길이를 잴 수 있습니다.

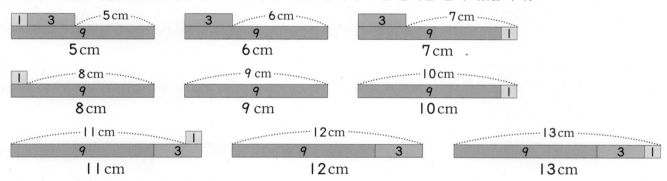

따라서 골라야 하는 막대 3개의 길이는 1 cm, 3 cm, 9 cm입니다.

최상위 사고력

1 10

2 15가지

3 1 m, 3 m, 7 m

4 12번

1 길이가 9cm인 색 테이프는 8장, 길이가 ㉠cm인 색 테이프는 2장
이므로 색 테이프는 모두 10장입니다.

(색 테이프 10장의 길이의 합)$=9 \times 8 + ㉠ \times 2 = 72 + ㉠ \times 2$

(색 테이프 10장을 겹쳐서 이어 붙였을 때 겹쳐진 곳)$=10-1=9$(군데)

(겹쳐진 부분의 길이의 합)$=1 \times 9 = 9$(cm)

➡ (이어 붙인 색 테이프의 전체 길이)

　　$=$(색 테이프 10장의 길이의 합)$-$(겹쳐진 부분의 길이의 합)

　　$=72+㉠ \times 2 - 9$

이어 붙인 색 테이프의 전체 길이가 83cm이므로

$72+㉠ \times 2 - 9 = 83$ ➡ $㉠ \times 2 + 63 = 83$, $㉠ \times 2 = 20$이고,

$10+10=20$이므로 $㉠=10$입니다.

따라서 ㉠에 알맞은 수는 10입니다.

> **해결 전략**
> 겹쳐서 이어 붙인 색 테이프의 전체 길이는 겹치지 않게 이어 붙인 색 테이프의 길이에서 겹쳐진 부분의 길이의 합을 빼어 구합니다.

2 주어진 3개의 막대로 잴 수 있는 가장 짧은 길이는 1cm이고, 가장 긴 길이는
$1+4+10=15$(cm)입니다.

1cm와 15cm 사이에 잴 수 있는 길이를 찾아봅니다.

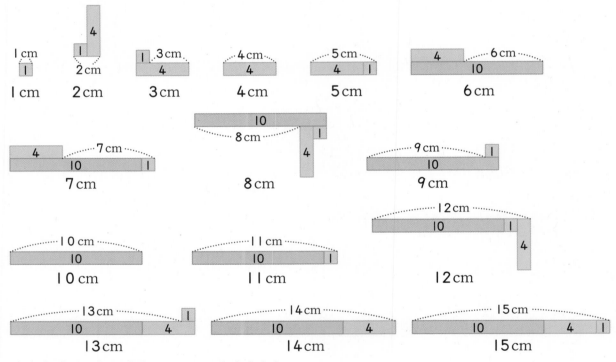

따라서 잴 수 있는 길이는 모두 15가지입니다.

3 세 도막으로 1m부터 11m까지 1m 간격의 모든 길이를 재야 하므로
한 번 잘라서 최대한 많은 길이를 잴 수 있도록 도막을 내야 합니다.

1m와 3m 도막이 있으면 1m, $3-1=2$(m), 3m, $1+3=4$(m)의
길이를 잴 수 있습니다.

남은 $11-1-3=7$(m)를 이용하면 $7+1-3=5$(m),

$7-1=6$(m), 7m, $1+7=8$(m), $7+3-1=9$(m),

$7+3=10$(m), $7+3+1=11$(m)를 잴 수 있습니다.

따라서 나누어야 하는 도막 3개의 길이는 1m, 3m, 7m입니다.

> **주의**
> 9m, 10m 막대는 생각하지 않습니다.
> $11-9=2$(m)이므로 2m를 막대 2개로
> 자를 수 없습니다.
> 마찬가지로 $11-10=1$(m)이므로 1m를
> 막대 2개로 자를 수 없습니다.

4 책상의 가로를 ㉠ 막대로는 3번, ㉡ 막대로는 4번 만에 잴 수 있고, ㉠ 막대는 ㉡ 막대와 ㉢ 막대의 길이의 합과 같으므로 ㉠ 막대 1개를 ㉡ 막대 1개와 ㉢ 막대 1개로 나타낼 수 있습니다.

해결 전략
㉠ 막대 3개의 길이의 합과 ㉡ 막대 4개의 길이의 합이 같고, ㉠ 막대와 ㉡ 막대의 길이의 차가 ㉢임을 이용하여 그림으로 나타냅니다.

㉠		㉠		㉠	
㉡		㉡	㉡		㉡
㉡	㉢	㉡		㉡	㉢

다음과 같이 길이가 같은 ㉡ 막대끼리 놓으면 ㉡ 막대 1개와 ㉢ 막대 3개의 길이가 같음을 알 수 있습니다.

㉡		㉡		㉡		㉡	
㉡		㉡		㉡	㉢	㉢	㉢

따라서 책상의 가로는 ㉡ 막대로 4번 만에 잴 수 있으므로 ㉢ 막대로는 3+3+3+3=12(번)만에 잴 수 있습니다.

다른 풀이
책상의 가로를 12라 하면
4+4+4=12 ➡ ㉠=4, 3+3+3+3=12 ➡ ㉡=3
따라서 ㉢=4-3=1이므로 ㉢ 막대로는 12번 만에 잴 수 있습니다.

지도 가이드
잰 횟수를 이용하여 막대의 길이를 간단한 그림으로 그려서 이해하도록 지도합니다.
아직 '나눗셈'을 배우지 않았으므로 여러 번 더한 수를 한 번에 구하기는 어렵습니다.
곱셈이나 덧셈을 이용하여 더한 수를 찾도록 지도합니다.

최상위 사고력 8 짧은 길이의 활용

8-1. 두 점 사이의 거리
76~77쪽

1 10

2 60 m, 180 m, 110 m

최상위 사고력 9 m 60 cm, 5 m 40 cm, 3 m, 1 m 20 cm

저자 톡! 주어진 조건을 이용하여 두 점 사이의 거리를 구하는 내용입니다. 모두 일직선 상 위의 점이므로 점의 순서에 맞게 그림을 그린 후 문제를 해결할 수 있도록 합니다.

1

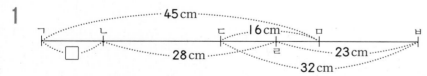

ㄱㄴ의 길이는 ㄱㅁ의 길이에서 ㄴㅁ의 길이를 **뺀** 길이입니다.
(ㄷㄹ의 길이)=(ㄷㅂ의 길이)-(ㄹㅂ의 길이)=32-23=9(cm)
(ㄹㅁ의 길이)=(ㄷㅁ의 길이)-(ㄷㄹ의 길이)=16-9=7(cm)
(ㄱㄴ의 길이)=(ㄱㅁ의 길이)-(ㄴㄹ의 길이)-(ㄹㅁ의 길이)
　　　　　　=45-28-7=10(cm)
따라서 □ 안에 알맞은 수는 10입니다.

2

보충 개념

표의 ①부분을 이용하면 성우네 집에서 도서관까지는 70 m, 병원까지는 130 m, 마트까지는 150 m, 학교까지는 ⓛm입니다. 따라서 도서관에서 병원까지의 거리는 130-70=60(m), 병원에서 마트까지의 거리는 150-130=20(m)입니다.

일직선 위에 성우네 집, 도서관, 병원, 마트, 학교를 차례로 그려서 생각합니다.

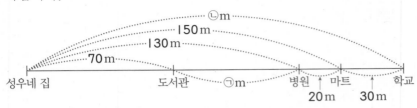

그림을 보며 ㉠, ㉡, ㉢에 알맞은 거리를 구합니다.

㉠ (도서관에서 병원까지의 거리)=130-70=60(m)

㉡ (성우네 집에서 학교까지의 거리)=150+30=180(m)

㉢ (도서관에서 학교까지의 거리)=㉠+20+30=60+20+30=110(m)

최상위 사고력 점 ㄱ, ㄴ, ㄷ, ㄹ이 어떤 순서로 놓여 있는지 알 수 없으므로 가능한 경우를 모두 생각합니다.

- 점 ㄴ이 점 ㄱ보다 오른쪽에 놓인 경우

  점 ㄷ이 점 ㄴ의 왼쪽 또는 오른쪽에 놓일 수 있고, 점 ㄹ이 점 ㄷ의 왼쪽 또는 오른쪽에 놓일 수 있습니다.

주의

두 점 사이의 거리를 만족하도록 점을 놓아야 합니다. 다음과 같은 경우에는 점 ㄴ과 점 ㄷ 사이의 거리가 점 ㄹ과 점 ㄷ 사이의 거리보다 짧으므로 점을 잘못 놓은 것입니다.

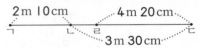

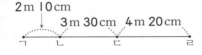

➡ (점 ㄱ과 점 ㄹ 사이의 거리)

   =2m 10cm+3m 30cm

    +4m 20cm

   =9m 60cm

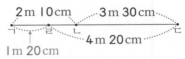

➡ (점 ㄱ과 점 ㄹ 사이의 거리)

   =2m 10cm+3m 30cm-4m 20cm

   =5m 40cm-4m 20cm=1m 20cm

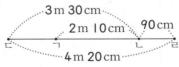

➡ (점 ㄱ과 점 ㄹ 사이의 거리)

   =2m 10cm+90cm

   =3m

➡ (점 ㄱ과 점 ㄹ 사이의 거리)

   =4m 20cm+1m 20cm

   =5m 40cm

- 점 ㄴ이 점 ㄱ보다 왼쪽에 놓인 경우

  점 ㄴ이 ㄱ의 왼쪽에 있을 때 점 ㄱ과 점 ㄹ 사이의 거리가 될 수 있는 경우는 점 ㄴ이 점 ㄱ의 오른쪽에 있을 때와 같습니다.

  따라서 점 ㄱ과 점 ㄹ 사이의 거리가 될 수 있는 경우는 9 m 60 cm, 5 m 40 cm, 3 m, 1 m 20 cm입니다.

1
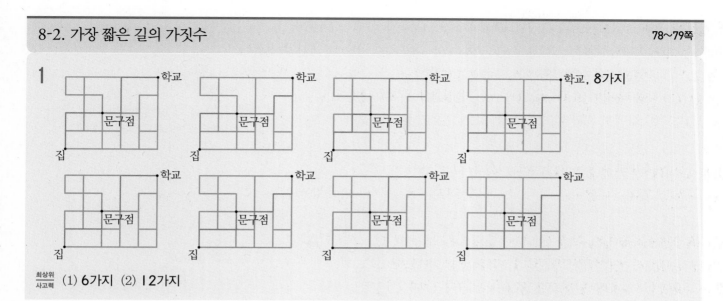

최상위
사고력 (1) **6가지** (2) **12가지**

저자 톡! 출발점에서 도착점까지의 길 중에서 가장 짧은 길의 가짓수를 구하는 내용입니다. 이동 방향과 대각선의 길이에 주의하여 가장 짧은 길을 찾습니다.

1 거리가 가장 짧은 길을 모두 그려 보면 **8가지**입니다.

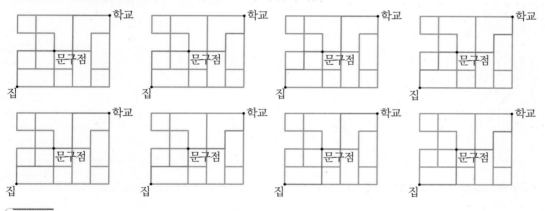

> **다른 풀이**
> 집에서 문구점을 지나 학교까지 가는 가장 짧은 길의 가짓수는 곱을 이용하여 구할 수 있습니다.
> (집에서 문구점을 지나 학교에 가는 가장 짧은 길의 가짓수)
> =(집에서 문구점까지 가는 가장 짧은 길의 가짓수)×(문구점에서 학교까지 가능 가장 짧은 길의 가짓수)
> =4×2=8(가지)

최상위
사고력 (1) 가장 짧은 길로 가기 위해서는 대각선이 있는 길을 가능한 한 많이 이용합니다.
    다음과 같이 A와 B를 지나는 길을 생각합니다.
    ① 농장에서 A까지 가는 가장 짧은 길의 가짓수 ➡ **2가지**
    ② B에서 꽃집까지 가는 가장 짧은 길의 가짓수 ➡ **3가지**

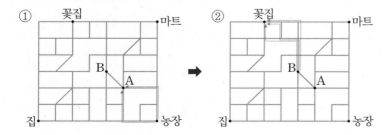

➡ (농장에서 꽃집까지 가는 가장 짧은 길의 가짓수)

= (농장에서 A까지 가는 가장 짧은 길의 가짓수)×(B에서 꽃집까지 가는 가장 짧은 길의 가짓수)

= 2×3 = 6(가지)

(2) 다음과 같이 A, B, C, D를 지나는 길을 생각해 봅니다.

① 집에서 A까지 가는 가장 짧은 길의 가짓수 ➡ 2가지

② B에서 C까지 가는 가장 짧은 길의 가짓수 ➡ 3가지

③ D에서 마트까지 가는 가장 짧은 길의 가짓수 ➡ 2가지

주의
중간에 지나야 할 길의 가짓수를 곱셈이 아닌 덧셈으로 계산하면 안 됩니다.

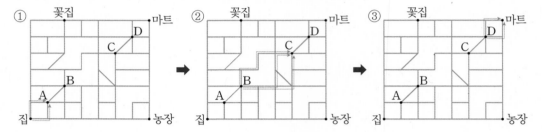

➡ (집에서 마트까지 가는 가장 짧은 길의 가짓수)

= (집에서 A까지 가는 가장 짧은 길의 가짓수)×(B에서 C까지 가는 가장 짧은 길의 가짓수)

×(D에서 마트까지 가는 가장 짧은 길의 가짓수)

= 2×3×2 = 12(가지)입니다.

8-3. 효율적으로 이동하기

1 (1) 집 → 도서관 → 공원 → 병원, 23 m   (2) 집 → 공원 → 도서관 → 학교, 28 m

최상위 사고력 H→F→C→B→D→A→G→E→H 또는 H→E→G→A→D→B→C→F→H, 175 m

저자 톡! 거리의 합을 이용하여 가장 짧은 경로를 찾는 내용입니다. 앞에서 학습한 두 점 사이의 거리와 가장 짧은 길의 가짓수 개념을 적용하여 합리적인 방법으로 찾아봅니다.

1 (1) 진우가 집에서 병원까지 가려면 공원, 도서관, 학교 중에 한 곳을 반드시 지납니다.

각각을 지나는 경우 이동 거리는 다음과 같습니다.

① 집 → 도서관 → 학교 → 병원: 3+15+14 = 32(m)

② 집 → 도서관 → 병원: 3+21 = 24(m)

③ 집 → 도서관 → 공원 → 병원: 3+9+11 = 23(m)

④ 집 → 공원 → 병원: 14+11 = 25(m)

따라서 이동 경로 ③(집 → 도서관 → 공원 → 병원)의 이동 거리가 23 m로 가장 짧습니다.

해결 전략
거리가 가장 긴 길 30 m(진우네 집→학교)는 지나지 않습니다.

주의
지나는 곳이 적다고 이동 거리가 짧은 것은 아닙니다.

(2) 정호가 집에서 학교까지 가려면 공원, 병원, 도서관 중에 한 곳을
반드시 지납니다.

각각을 지나는 경우 이동 거리는 다음과 같습니다.

① 집 → 공원 → 도서관 → 학교 : 4+9+15=<u>28</u>(m)

② 집 → 공원 → 병원 → 학교 : 4+11+14=29(m)

③ 집 → 병원 → 학교 : 16+14=30(m)

따라서 이동 경로 ①(집 → 공원 → 도서관 →학교)의 이동 거리가
28 m로 가장 짧습니다.

보충 개념

집 → 공원 → 진우네 집 → 도서관 → 학교

4+14+3+15=36(m)

최상위 사고력 다음과 같은 방법으로 가장 짧은 길을 찾을 수 있습니다.

① 길이가 긴 길은 가능한 지나 지 않고 짧은 길을 지납니다.	② 모든 알파벳을 한 번씩만 지나 다시 제 자리로 돌아와야 하므로 각 알파벳에 는 들어가는 길과 나오는 길이 있어야 합니다. 다음과 같이 반드시 지나야 하 는 길을 선으로 표시합니다.	③ 모든 알파벳을 한 번씩만 지 나 다시 제자리로 돌아오도 록 나머지 길을 연결합니다.
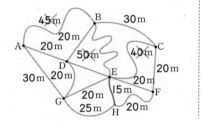	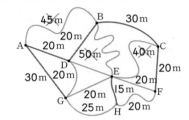	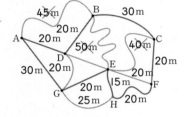

따라서 이동 경로는 H→F→C→B→D→A→G→E→H 또는 H→E→G→A→D→B→C→F→H이고,

이동 거리는 20+20+30+20+20+30+20+15=175(m)입니다.

최상위 사고력

82~83쪽

1 130 m, 30 m

2 5 cm

3 서쪽으로 26 m, 남쪽으로 14 m

4 55 cm

---

1 수민이네 집과 주희네 집은 공원을 사이에 두고 서로 반대쪽에 있거나
공원의 한 쪽에 같이 있을 수 있습니다.

• 거리가 가장 긴 경우

➡ 80+50=130(m)

• 거리가 가장 짧은 경우

➡ 80−50=30(m)

주의

다음과 같은 경우는 두 점 사이의 거리를
만족하지 않습니다.

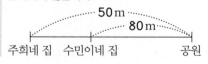

2 키를 비교하는 것이므로 세로로 일직선을 그어 생각합니다.

4가지 조건에 따라 가장 먼저 알 수 있는 조건부터 사용합니다.

① 첫 번째 조건 ➡ ② 세 번째 조건 ➡ ③ 두 번째 조건 ➡ ④ 네 번째 조건

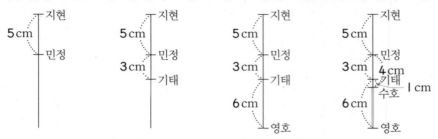

따라서 수호와 영호의 키는 6−1=5(cm)만큼 차이가 납니다.

3 정우가 움직인 방향과 거리를 다음과 같이 그림으로 그려 생각합니다.

해결 전략
출발 위치를 정하고 주어진 길이와 방향에 따라 선을 그어봅니다.

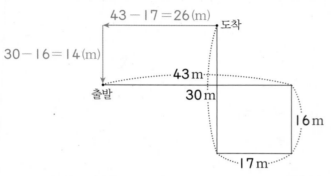

따라서 처음 출발한 자리로 다시 돌아오려면 서쪽으로 26m, 남쪽으로 14m만큼 걸어가야 합니다.

4 중심에서 왼쪽, 오른쪽, 위, 아래 중 한 방향으로 6cm만큼 선을 그으면 종이의 가장자리에 닿게 되므로 왼쪽, 오른쪽으로 이동하는 경우와 위, 아래로 이동하는 경우로 나누어 생각합니다.

표를 이용하여 규칙을 찾아 구하면 다음과 같습니다.

선 긋는 횟수	1	2	3	4	5	6	7	8	9	10	
중심에서 왼쪽, 오른쪽으로 떨어진 거리	오른쪽		왼쪽		오른쪽		왼쪽		오른쪽		→ 길이의 규칙: 1→2→3→4 ……
	1		2		3		4		5		
중심에서 위, 아래로 떨어진 거리		아래		위		아래		위		아래	→ 길이의 규칙: 2→2→4→4→6→6 ……
		2		2		4		4		6	

따라서 10번째 선을 그었을 때 선이 종이의 가장자리에 닿게 되므로 그어야 하는 선의 길이는 1+2+3+……+9+10=55(cm)입니다.

다른 풀이

중심을 지나는 세로선을 기준으로 왼쪽, 오른쪽으로 얼마나 떨어져 있는지, 가로선을 기준으로 위, 아래로 얼마나 떨어져 있는지 그림을 그려 규칙을 찾아봅니다.

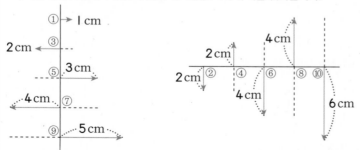

따라서 10번째 선을 그었을 때 선이 종이의 가장자리에 닿게 되므로 그어야 하는 선의 길이는 1+2+3+……+9+10=55(cm)입니다.

1 50	2 21 cm	3 2 m
4 13가지	5 40 cm	6 12가지

1

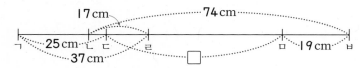

ㄷㅁ의 길이는 ㄴㅂ의 길이에서 ㄴㄷ의 길이와 ㅁㅂ의 길이를 **뺀** 길이
입니다.

(ㄴㄷ의 길이)＝(ㄱㄷ의 길이)＋(ㄴㄹ의 길이)－(ㄱㄹ의 길이)

＝25＋17－37＝5(cm)

(ㄷㅁ의 길이)＝(ㄴㅂ의 길이)－(ㄴㄷ의 길이)－(ㅁㅂ의 길이)

＝74－5－19＝50(cm)

따라서 □ 안에 알맞은 수는 50입니다.

> **보충 개념**
> (ㄴㅂ의 길이)
> ＝(ㄴㄷ의 길이)＋(ㄷㅁ의 길이)
>   ＋(ㅁㅂ의 길이)

2 긴 통나무와 짧은 통나무의 차이 나는 부분을 **뺀** 나머지 부분의 길이
는 같습니다.

길이가 같은 부분을 ㉠cm라고 하면 34－8＝26이고

13＋13＝26이므로 ㉠＝13입니다.

따라서 긴 통나무의 길이는 13＋8＝21(cm)입니다.

> **보충 개념**
> 길이가 같은 부분의 합은 자르기 전 통나무
> 의 길이에서 8 cm만큼 뺀 값과 같습니다.

3 일직선 위에 주형, 민지, 수원, 정호의 위치를 그려서 생각합니다.

• 민지는 수원이보다 5 m만큼 앞섰고, 정호보다는 12 m만큼 앞섰습
니다.

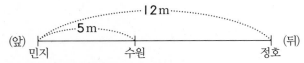

• 정호는 주형이보다 9 m만큼 뒤떨어져 있습니다.

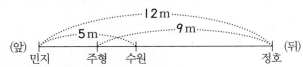

따라서 주형이와 수원이 사이의 거리는 5＋9－12＝2(m)입니다.

> **보충 개념**
> 민지와 수원이 사이의 거리와 주형이와 정호
> 사이의 거리의 합에서 민지와 정호 사이의
> 거리를 뺀 거리입니다.

4 주어진 3개의 막대로 잴 수 있는 가장 짧은 길이는 1 cm이고, 가장 긴 길이는 1＋3＋9＝13(cm)입니다.
1 cm와 13 cm 사이에 잴 수 있는 길이를 찾아봅니다.

(cm 단위 생략)

1	1	6	9－3	11	9＋3－1
2	3－1	7	1＋9－3	12	9＋3
3	3	8	9－1	13	9＋3＋1
4	1＋3	9	9		
5	9－3－1	10	9＋1		

따라서 잴 수 있는 길이는 모두 13가지입니다.

보충 개념
막대를 옆으로 이어 붙이는 경우 잴 수 있는 길이가 길어지고, 막대를 위, 아래로 이어 붙이는 경우 잴 수 있는 길이가 줄어듭니다.

5 고리 9개를 연결한 전체 길이는 고리 9개의 길이의 합에서 겹쳐진 부분의 길이를 뺀 것과 같습니다.
고리 9개를 연결하면 고리끼리 겹쳐지는 곳이 9－1＝8(군데) 생기고, 겹쳐진 부분의 길이는 2＋2＝4(cm)입니다.
(고리 9개의 길이의 합)＝8×9＝72(cm)
(겹쳐진 부분의 길이의 합)＝4×8＝32(cm)
➡ ㉠＝(고리 9개의 길이의 합)－(겹쳐진 부분의 길이의 합)
＝72－32＝40(cm)

다른 풀이
고리 1개의 길이는 8 cm이고, 고리 1개가 늘어날 때마다 길이가 4 cm씩 늘어납니다.
따라서 고리 9개를 연결한 전체 길이 ㉠은 8＋4×8＝8＋32＝40(cm)입니다.

해결 전략
먼저 고리끼리 겹쳐지는 곳이 몇 군데인지 구합니다.

6 어느 곳을 반드시 지나가는 길의 가짓수는 곱을 이용하여 구할 수 있습니다.

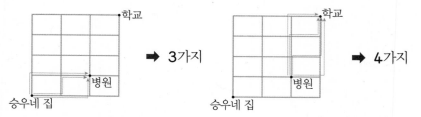

(승우네 집에서 병원을 지나 학교까지 가는 가장 짧은 길의 가짓수)
＝(승우네 집에서 병원까지 가는 가장 짧은 길의 가짓수)
×(병원에서 학교까지 가는 가장 짧은 길의 가짓수)
＝3×4＝12(가지)

해결 전략
승우네 집 → 병원, 병원 → 학교까지 가는 거리가 가장 짧은 길의 가짓수를 각각 구합니다.

Ⅳ 측정(2)

생활 속에서 흔히 접하는 시계나 달력에는 우리가 기본적으로 알고 있는 원리 이외에도 여러 가지 재미있는 규칙이 숨어 있습니다. 시계에서 일정한 시간 동안 시곗바늘이 몇 번씩 겹쳐지거나 일직선이 되는 경우, 디지털 시계에서 어떤 숫자가 몇 번 나오는지 등은 평소에 생각하지 못하고 지나치기 쉬운 부분입니다.

이번 단원에서는 이와 같이 시계에 숨어 있는 규칙을 찾아 여러 가지 조건 속에서 문제를 해결해 봅니다. 이어서 실제 생활 속에서 접하는 열차시간, 시차, 달력 등의 주제를 다루며 시간의 흐름을 이해하고 수학의 유용함을 느껴보도록 합니다.

최상위 사고력 **9** 시계 탐구

9-1. 거울에 비친 시계   88~89쪽

1 1시, 5시, 7시, 11시 / 2시, 4시, 8시, 10시 / 3시, 9시

최상위
사고력
A 5시 10분, 6시 50분

최상위
사고력
B 2시, 5시, 8시, 11시

저자 톡! 눈금만 있고 숫자가 쓰여 있지 않은 시계를 거울에 비추면 또 다른 시각으로 나타납니다. 거울에 비친 시계를 그려 보고, 실제 시계와 거울에 비친 시계에는 어떤 규칙이 숨어 있는지 찾아봅니다.

1 • 실제 시각과 거울에 비친 시각의 차가 2시간(또는 10시간)인 경우

해결 전략
실제 시각과 거울에 비친 시각이 똑같은 12시와 6시를 기준으로 생각합니다.

① 12시가 기준인 경우   ② 6시가 기준인 경우

➡ 실제 시각: 1시, 5시, 7시, 11시

• 실제 시각과 거울에 비친 시각의 차가 4시간(또는 8시간)인 경우

① 12시가 기준인 경우   ② 6시가 기준인 경우

➡ 실제 시각: 2시, 4시, 8시, 10시

• 실제 시각과 거울에 비친 시각의 차가 6시간인 경우

12시가 기준인 경우와 6시가 기준인 경우가 같습니다.

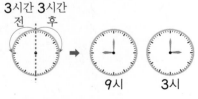

➡ 실제 시각: 3시, 9시

최상위 사고력
A 실제 시각과 거울에 비친 시각이 똑같은 12시와 6시를 기준으로 생각 해야 하는데 민수가 3시와 9시 사이에 영화를 보았으므로 6시를 기준 으로 생각합니다.

민수가 1시간 40분(=100분) 동안 영화를 보았으므로 6시를 기준으 로 100분의 절반인 50분만큼 더한 시각과 **뺀** 시각을 각각 구합니다.

영화가 시작한 시각: 6시-50분=5시 10분

영화가 끝난 시각: 6시+50분=6시 50분

따라서 영화가 시작한 시각은 5시 10분, 영화가 끝난 시각은 6시 50분 입니다.

해결 전략

영화가 끝난 시각 ┊ 영화가 시작한 시각

최상위 사고력
B 12시로부터 3시간의 절반인 1시간 30분 전(또는 1시간 30분 후)인 경우

➡ 10시 30분, 1시 30분

6시로부터 3시간의 절반인 1시간 30분 전(또는 1시간 30분 후)인 경우

➡ 4시 30분, 7시 30분

30분 전		현재 시각
실제 시각	거울에 비친 시각	
10시 30분	1시 30분	11시
1시 30분	10시 30분	2시
4시 30분	7시 30분	5시
7시 30분	4시 30분	8시

따라서 현재 시각이 될 수 있는 시각은 2시, 5시, 8시, 11시입니다.

9-2. 디지털 시계

90~91쪽

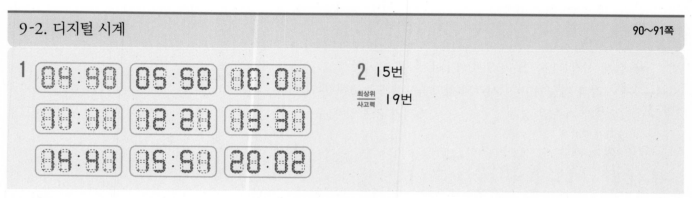

1
08:80	05:50	00:00
08:00	02:20	08:80
08:90	05:50	20:02

2 15번
최상위 사고력 19번

저자 톡! 디지털 시계에 표시되는 4개의 숫자를 이용하여 여러 가지 조건에 맞는 시각과 횟수를 구하는 내용입니다. 디지털 시계의 특징을 잘 생각하며 조건에 맞는 시각을 빠짐없이 구합니다.

1 오후 9시는 디지털 시계로 21:00입니다. 03:00부터 21:00까 지의 시간에서 앞으로 읽으나, 뒤로 읽어도 똑같은 시각이어야 하므로 시를 나타내는 숫자가 04, 05, 06, 07……19, 20일 때로 각각 나누어 찾아봅니다.

➡ 04:40, 05:50, 10:01, 11:11, 12:21,
13:31, 14:41, 15:51, 20:02

해결 전략

분의 자리에 00부터 59까지의 수만 들어 가므로 시를 나타내는 수가 06, 07, 08, 09, 16, 17, 18, 19는 뒤로 읽었을 때 분의 자리에 알맞지 않습니다.

최상위 사고력 2B 56

2 오전 2시부터 오전 10시까지 4개의 숫자의 합이 6이 되는 경우는
다음과 같습니다.

➡ 02:04, 02:13, 02:22, 02:31, 02:40,
　03:03, 03:12, 03:21, 03:30, 04:02,
　04:11, 04:20, 05:01, 05:10, 06:00

따라서 4개의 숫자의 합이 6이 되는 경우는 모두 15번입니다.

> **다른 풀이**
> 4개의 숫자가 6, 0, 0, 0인 경우: 06:00 ➡ 1번
> 4개의 숫자가 5, 1, 0, 0인 경우: 05:01, 05:10 ➡ 2번
> 4개의 숫자가 4, 2, 0, 0인 경우: 02:04, 02:40, 04:02, 04:20 ➡ 4번
> 4개의 숫자가 4, 1, 1, 0인 경우: 04:11 ➡ 1번
> 4개의 숫자가 3, 3, 0, 0인 경우: 03:03, 03:30 ➡ 2번
> 4개의 숫자가 3, 2, 1, 0인 경우: 02:13, 02:31, 03:12, 03:21 ➡ 4번
> 4개의 숫자가 2, 2, 2, 0인 경우: 02:22 ➡ 1번
> 따라서 4개의 숫자의 합이 6이 되는 경우는 모두 1+2+4+1+2+4+1=15(번)입니다.

최상위 사고력　0, 2만 있는 시각: 02:00, 02:02, 02:20, 02:22 ➡ 4번
　0, 3만 있는 시각: 03:00, 03:03, 03:30, 03:33 ➡ 4번
　0, 4만 있는 시각: 04:00, 04:04, 04:40, 04:44 ➡ 4번
　0, 5만 있는 시각: 05:00, 05:05, 05:50, 05:55 ➡ 4번
　0, 6만 있는 시각: 06:00, 06:06 ➡ 2번
　0, 7만 있는 시각: 07:00 ➡ 1번

따라서 숫자가 2가지만 나오는 시각은 모두
4+4+4+4+2+1=19(번)입니다.

> **해결 전략**
> 02:00부터 07:00까지의 시각이므로
> 0은 반드시 포함됩니다.

9-3. 시계와 규칙

92~93쪽

1 (1) 26번　(2) 42번　　　　**2** 11번

최상위 사고력　7번

> **저자 톡!**　시곗바늘이 겹쳐지거나 일직선이 되는 경우가 주어진 시간에 몇 번 나오는지 알아봅니다. 실수하기 쉬운 내용이므로 한번 더 생각하여 정확히 풉니다.

1 (1) 매시마다 시간을 나누어 종이 몇 번 울리는지 구합니다.

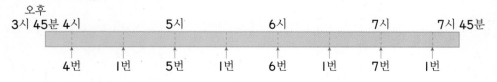

따라서 종은 모두 4+1+5+1+6+1+7+1=26(번) 울립니다.

(2) 매시마다 시간을 나누어 종이 몇 번 울리는지 구합니다.

따라서 종은 모두

1+10+1+11+1+12+1+1+1+2+1=42(번) 울립니다.

2 오전 10시부터 오전 11시까지 ➡ 1번 겹쳐집니다.

오전 11시부터 오후 1시까지 ➡ 12시에 1번 겹쳐집니다.

오후 1시부터 오후 10시까지 ➡ 매 시간마다 1번씩 겹쳐지므로 9번 겹쳐집니다.

따라서 오전 10시부터 오후 10시까지 시계의 긴바늘과 짧은바늘은 모두 1+1+9=11(번) 겹쳐집니다.

해결 전략
오전 11시부터 오후 1시 사이에 긴바늘과 짧은바늘이 겹쳐지는 때는 12시 한 번뿐입니다.

최상위 사고력 오후 1시부터 오후 5시까지 ➡ 매시간마다 1번씩 일직선이 되므로 4번입니다.

오후 5시부터 오후 7시까지 ➡ 6시에 1번 일직선이 됩니다.

오후 7시부터 오후 9시까지 ➡ 매시간마다 1번씩 일직선이 되므로 2번입니다.

따라서 오후 1시부터 오후 9시까지 시계의 긴바늘과 짧은바늘이 일직선이 되는 경우는 4+1+2=7(번)입니다.

최상위 사고력 94~95쪽

1 5시 59분 **2** 23번 **3** 22번

4 오후 2시 30분, 오후 5시 30분, 오후 6시 30분, 오후 8시 30분

---

1 3시 12분부터 매시마다 구간을 나누어 4개의 숫자의 합이 가장 큰 시각을 찾아봅니다.

시간	3시 12분부터 4시까지	4시부터 5시까지	5시부터 6시까지
숫자의 합이 가장 큰 시각	3시 59분	4시 59분	5시 59분
숫자의 합	17	18	19

따라서 디지털 시계가 나타내는 4개의 숫자의 합이 처음으로 19가 되는 시각은 오전 5시 59분입니다.

해결 전략
분을 나타내는 2개의 숫자의 합은 59분일 때 14로 가장 큽니다.

2 디지털 시계를 거울에 비추면 숫자의 왼쪽과 오른쪽이 바뀌고, 시와 분이 바뀝니다.

왼쪽과 오른쪽이 바뀌어도 숫자가 되는 숫자는 0, 1, 2, 5, 8입니다.

① '시'로 가능한 디지털 숫자: 3개

10 ➡ 01   11 ➡ 11   12 ➡ 51

② '분'으로 가능한 디지털 숫자: 11개

00 ➡ 00   01 ➡ 10   05 ➡ 20   10 ➡ 01

11 ➡ 11   15 ➡ 21   20 ➡ 05   21 ➡ 15

50 ➡ 02   51 ➡ 12   55 ➡ 22

따라서 오전 9시부터 낮 12시까지 디지털 시계를 거울에 비추었을 때 시각이 되는 경우는 시가 10인 경우 11번, 시가 11인 경우 11번, 12에 한 번으로 모두 11+11+1=23(번)입니다.

> **지도 가이드**
> 거울에 비친 모양은 왼쪽 또는 오른쪽으로 한 번 뒤집기 한 모양과 같습니다. 거울에 비추었을 때 변하지 않는 모양은 그 모양의 가운데에 세로줄을 그었을 때, 세로줄을 중심으로 완전히 겹쳐집니다.

3 정확한 시각을 가리킬 때는 시계의 긴바늘과 짧은바늘이 겹쳐질 때입니다.

밤 12시 ➡ 1번 겹쳐집니다.

오전 1시부터 오전 11시까지 ➡ 한 시간마다 1번씩 겹쳐지므로 10번 겹쳐집니다.

낮 12시 ➡ 1번 겹쳐집니다.

오후 1시부터 오후 11시까지 ➡ 한 시간마다 1번씩 겹쳐지므로 10번 겹쳐집니다.

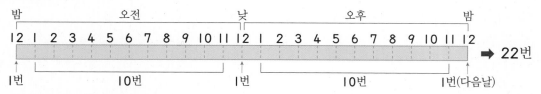

따라서 하루에 정확한 시각을 가리키는 때는 1+10+1+10=22(번)입니다.

4 진아가 집에 돌아왔을 때 시각은 오전 8시 30분, 오전 9시 30분……오후 9시 30분으로 14가지가 될 수 있고, 돌아온 시각부터 지금 시각까지 자명종이 15번 울리는 경우를 찾습니다.

연속된 시각의 합이 15가 되는 경우	돌아온 시간	지금 시각	자명종이 울리는 시각
12+1+2=15	오전 11시 30분	오후 2시 30분	12시, 1시, 2시
1+2+3+4+5 =15	오후 12시 30분	오후 5시 30분	1시, 2시, 3시, 4시, 5시
4+5+6=15	오후 3시 30분	오후 6시 30분	4시, 5시, 6시
7+8=15	오후 6시 30분	오후 8시 30분	7시, 8시

따라서 지금 시각이 될 수 있는 시각은 오후 2시 30분, 오후 5시 30분, 오후 6시 30분, 오후 8시 30분입니다.

10-1. 기차와 시간

1 (위에서부터) 9:50 / 10:05, 11:25

2 1시간 10분, 10분, 20분, 1시간 20분

최상위 사고력 (위에서부터) 30분 / 20분 / 25분, 75분 / 55분, 75분

저자 톡! 실생활과 관련된 기차를 이용하여 기차가 역과 역 사이를 이동하는 데 걸리는 시간과 시각을 구하는 문제입니다. 그림을 그려 간단히 해결합니다.

1 도착 시간을 이용하여 각 지점을 이동하는데 걸리는 시간을 구한 후,
빈칸에 알맞은 도착 시간을 써넣습니다.
(수원에서 천안까지 걸리는 시간)=7시 30분−7시=30분
(천안에서 대전까지 걸리는 시간)=8시 20분−7시 30분=50분
(대구에서 부산까지 걸리는 시간)=14시 15분−12시 55분=1시간 20분
(첫 번째 기차가 대구에 도착한 시각)=11시 10분−1시간 20분=9시 50분
(두 번째 기차가 수원에 도착한 시각)=10시 35분−30분=10시 5분
(두 번째 기차가 대전에 도착한 시각)=10시 35분+50분=11시 25분

수원	천안	대전	대구	부산
7:00	7:30	8:20	9:50	11:10
10:05	10:35	11:25	12:55	14:15

(30분) (50분) (1시간 20분)

2

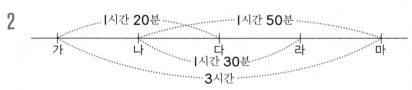

• 가에서 나까지 걸리는 시간
  (가에서 마까지 걸리는 시간)−(나에서 마까지 걸리는 시간)=3시간−1시간 50분=1시간 10분
• 나에서 다까지 걸리는 시간
  (가에서 다까지 걸리는 시간)−(가에서 나까지 걸리는 시간)=1시간 20분−1시간 10분=10분
• 라에서 마까지 걸리는 시간
  (나에서 마까지 걸리는 시간)−(나에서 라까지 걸리는 시간)=1시간 50분−1시간 30분=20분
• 다에서 라까지 걸리는 시간
  (나에서 라까지 걸리는 시간)−(나에서 다까지 걸리는 시간)=1시간 30분−10분=1시간 20분

최상위 사고력

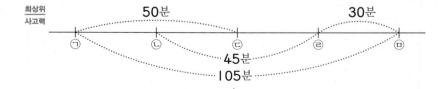

- ㉠에서 ㉡까지 걸리는 시간

  (㉠에서 ㉣까지 걸리는 시간)−(㉡에서 ㉣까지 걸리는 시간)=105분−45분−30분=60분−30분=30분

- ㉡에서 ㉢까지 걸리는 시간

  (㉠에서 ㉢까지 걸리는 시간)−(㉠에서 ㉡까지 걸리는 시간)=50분−30분=20분

- ㉢에서 ㉣까지 걸리는 시간

  (㉡에서 ㉣까지 걸리는 시간)−(㉡에서 ㉢까지 걸리는 시간)=45분−20분=25분

- ㉠에서 ㉣까지 걸리는 시간

  (㉠에서 ㉢까지 걸리는 시간)+(㉢에서 ㉣까지 걸리는 시간)=50분+25분=75분

- ㉢에서 ㉤까지 걸리는 시간

  (㉢에서 ㉣까지 걸리는 시간)+(㉣에서 ㉤까지 걸리는 시간)=25분+30분=55분

- ㉡에서 ㉤까지 걸리는 시간

  (㉡에서 ㉣까지 걸리는 시간)+(㉣에서 ㉤까지 걸리는 시간)=45분+30분=75분

10-2. 낮과 밤의 시간

1 14시간

최상위
사고력
A 오후 6시 30분

2 80분

최상위
사고력
B 오전 5시 55분

저자 톡! 낮과 밤의 길이는 계절에 따라 변합니다. 낮과 밤 중에 어느 한쪽의 시간이 변할 때 어떤 규칙이 숨어 있는지를 중점적으로 생각해 보도록 합니다.

1 낮의 길이는 해 뜨는 시각부터 해 지는 시각까지의 시간입니다.

〈1월 3일〉 오후 5시 20분−오전 7시 40분=17시 20분−7시 40분=9시간 40분

〈1월 7일〉 오후 5시 25분−오전 7시 35분=17시 25분−7시 35분=9시간 50분

〈1월 12일〉 오후 5시 30분−오전 7시 30분=17시 30분−7시 30분=10시간

따라서 1월 12일의 낮의 길이가 10시간으로 가장 길고,

밤의 길이는 하루 24시간에서 낮의 길이를 빼면 되므로

24시간−10시간=14시간입니다.

2 〈낮의 길이〉

오후 6시 50분−오전 6시 10분

=18시 50분−6시 10분=12시간 40분

24시간 중에 12시간을 기준으로 낮의 길이가 40분이 더 길므로 밤의 길이는 12시간을 기준으로 40분이 더 짧습니다.

따라서 낮의 길이는 밤의 길이보다 40+40=80(분)이 더 깁니다.

해결 전략
낮의 길이는 해 뜨는 시각부터 해 지는 시각까지의 시간입니다.

최상위 사고력 A

낮과 밤의 길이의 차가 30분이므로 낮의 길이는 하루의 반인 12시간보다 15분이 더 짧은 11시간 45분입니다.

낮의 길이는 해 뜨는 시각부터 해 지는 시각까지의 길이이므로 해 지는 시각은 오전 6시 45분+11시간 45분=18시 30분(오후 6시 30분)입니다.

보충 개념

```
   6시 45분
+ 11시 45분
───────────
 17시 90분 ➡ 18시 30분
```

최상위 사고력 B

낮과 밤의 길이의 차가 50분이므로 낮의 길이는 하루의 반인 12시간보다 25분이 더 긴 12시간 25분입니다.

낮의 길이는 해 뜨는 시각부터 해 지는 시각까지의 길이이므로 해 뜨는 시각은 오후 6시 20분−12시간 25분=18시 20분−12시간 25분=5시 55분입니다.

보충 개념

```
  17   60
  18시  20분
− 12시간 25분
───────────
   5시  55분
```

10-3. 고장난 시계

100~101쪽

1 12시 5분

2 120분

최상위 사고력 4월 7일 오전 10시 36분

저자 톡! 일정하게 늦게 가거나 빨리 가는 시계를 이용하여 시간이 흐른 뒤의 시각을 예상하는 내용입니다. 1시간, 10시간, 하루 등 기준이 되는 시각을 이용하여 고장난 시계의 시각을 간단히 구합니다.

---

1 주어진 조건에서 가장 빠른 시계는 20분이 빠릅니다. 5개의 시계 중에서 가장 빠른 시계는 12시 25분이므로 정확한 시계는 12시 25분보다 20분이 느린 12시 25분−20분=12시 5분을 가리키는 시계입니다.

해결 전략
주어진 조건을 보고 가장 빠른 시계를 찾아봅니다.

다른 풀이

주어진 조건에서 가장 느린 시계는 10분이 느립니다. 5개의 시계 중에서 가장 느린 시계는 11시 55분이므로 정확한 시계는 11시 55분보다 10분이 빠른 11시 55분+10분=12시 5분을 가리키는 시계입니다.

2 1시간에 2분씩 빠르게 가는 시계와 1시간에 3분씩 느리게 가는 시계
는 1시간에 5분씩 차이가 납니다.

어느 날 오전 9시부터 그 다음날 오전 9시까지는 24시간이고, 두 시
계는 1시간에 5분씩, 10시간에 50분씩 차이가 나므로 24시간에는
50+50+20=120(분)이 차이가 납니다.

따라서 두 시계가 가리키고 있는 시각의 차는 120분입니다.

해결 전략
1시간에 몇 분씩 차이가 나는지 구하여 24
시간에는 몇 분이 차이가 나는지 구합니다.

최상위 사고력 정확한 시계로 4월 5일 오전 9시부터 4월 6일 오후 3시까지 30시간 갈
때 고장난 시계는 정확한 시계보다 4시−3시=1시간 빠르게 갑니다.

30시간에 고장난 시계가 1시간(=60분) 빠르게 가므로 고장난 시계
는 1시간에 2분씩 빠르게 가고, 하루에 48분씩 빠르게 갑니다.

따라서 고장난 시계는 이틀 동안 48분+48분=96분(=1시간 36분)
빠르게 가므로 정확한 시계가 4월 7일 오전 9시일 때 고장난 시계는
4월 7일 오전 10시 36분(=9시+1시간 36분)입니다.

| **최상위 사고력** | 102~103쪽 |

1 7대   **2** 35번

3 24시간   **4** 오후 5시 55분

1

첫 번째 버스		두 번째 버스		세 번째 버스		네 번째 버스		다섯 번째 버스		여섯 번째 버스		일곱 번째 버스		여덟 번째 버스
6시 30분	➡	7시 20분	➡	8시 10분	➡	9시	➡	9시 50분	➡	10시 40분	➡	11시 30분	➡	12시 20분

7대

따라서 오전 중에 출발하는 버스는 7대입니다.

2 고장난 디지털 시계는 1시간에 10분씩 빨라지므로 정확한 시계가 오전 4시부터
오전 6시까지 가는 동안 고장난 디지털 시계는 04:00부터 06:20까지 표시됩니다.
숫자 6이 '분'에 나오는 경우와 '시'에 나오는 경우로 나누어 구해 봅니다.

시간	'분'에 6이 나오는 경우	'시'에 6이 나오는 경우	횟수
04:00~05:00	04:06, 04:16, 04:26, 04:36, 04:46, 04:56	없음	6번
05:00~06:00	05:06, 05:16, 05:26, 05:36, 05:46, 05:56	없음	6번
06:00~06:20	06:06, 06:16	06:00~06:20 (21번)	23번

따라서 고장난 디지털 시계에 숫자 6은 모두 6+6+23=35(번) 나옵니다.

3 이 시계는 12시간만 표시되므로 12시간이 느려지면 다시 정확한 시각을 나타냅니다.

이 시계는 1시간에 30분씩 느려지므로 24시간에 12시간이 느려집니다.

따라서 이 시계는 오후 1시부터 24시간 후에 다시 정확한 시각을 나타냅니다.

4 정확한 시계가 6시간 갈 때 고장난 시계는 5시간 30분을 갑니다.

➡ 고장난 시계는 6시간에 30분씩 느려지므로 1시간에 5분씩 느려집니다.

같은 날 오후 6시에 고장난 시계는 1시간이 느려져서 5시를 가리키고, 1시간이 지나 오후 7시가 되면 고장난 시계는 5시부터 1시간보다 5분 느린 55분을 가므로 오후 5시 55분을 가리킵니다.

11-1. 기차와 시간   104~105쪽

1

| 서울 | 두바이 | 밴쿠버 | 파리 | 뉴욕 |

최상위 사고력 **13일 오전 8시**

저자 톡! 시간이 빠르고 느린 것을 이용하여 세계 각 나라의 시각을 구하는 문제입니다. 지구의 모양과 자전 방향을 생각하지 않으면 어려울 수 있으므로 지구본과 같은 도구를 이용합니다.

1 서울은 베이징보다 1시간 빠르므로 9시＋1시간＝10시입니다.

두바이는 서울보다 5시간 느리므로 10시－5시간＝5시입니다.

베이징은 밴쿠버보다 16시간 빠르므로 밴쿠버는

21시－16시간＝5시입니다.

밴쿠버는 파리보다 9시간 느리므로 파리는 5시＋9시간＝14시(2시)입니다.

파리는 뉴욕보다 6시간 빠르므로 뉴욕은 14시－6시간＝8시입니다.

> **해결 전략**
> 시각이 빠르면 기준이 되는 시각에 빠른 시간만큼 더해야 하고, 시각이 느리면 기준이 되는 시각에 느린 시간만큼 빼야 합니다.

최상위 사고력 런던은 10일 오후 6시이고, 서울은 11일 오전 3시이므로 서울은 런던보다 9시간 빠릅니다.

수지가 민우에게 문자 보낼 시각은 서울 시각으로 13일 오후 5시이고, 서울은 런던보다 9시간 빠르므로 런던 시각으로

13일 오전 8시(＝17시－9시간)입니다.

> **보충 개념**
> 런던의 시각은 서울의 시각이 되기 9시간 전을 가리킵니다.

1 (1) 목요일 (2) 토요일 (3) 수요일   **2** 일요일, 월요일, 화요일, 토요일

최상위
사고력 일요일
A

최상위
사고력 ■＝22, ▲＝28
B

저자 톡! 달력이 찢어지거나 없는 상황에서 요일과 날짜를 구하는 내용입니다. 같은 요일이 7일씩 반복되는 원리와 요일 없는 달력을 그려 효율적으로 문제를 해결합니다.

1 (1) 4월 3일은 화요일이므로 4월 1일은 일요일이고 3월은 31일까지
    있습니다.
    따라서 3월 1일은 4월 1일의 31일 전이고, 31＝7×4+3이므로
    일요일의 3일 전인 목요일입니다.

    (2) 4월 1일은 일요일이고 4월은 30일까지 있습니다.
    4월 1일의 30일 후는 5월 1일이고, 7×4+2＝30이므로
    5월 1일은 일요일의 2일 후인 화요일입니다.
    따라서 5월 5일은 5월 1일의 4일 후이므로 화요일의 4일 후인
    토요일입니다.

    (3) 5월 1일은 화요일이고 5월은 31일까지 있습니다.
    5월 1일의 31일 후는 6월 1일이고, 7×4+3＝31이므로
    6월 1일은 화요일의 3일 후인 금요일입니다.
    따라서 6월 6일은 6월 1일의 5일 후이므로 금요일의 5일 후인
    수요일입니다.

보충 개념
목 금 토 일
1일 1일 1일

보충 개념
요일을 구하기 위해서는 각 달의 날수를 알아야 합니다.

월	1	2	3	4	5	6	7	8	9	10	11	12
날수	31	28(29)	31	30	31	30	31	31	30	31	30	31

2 5월은 31일까지 있으므로 31일까지 있는 요일 없는 달력을 그립니다.

일	월	화	㊌	목	금	토
토	일	월	화	㊌	목	금
금	토	일	월	화	㊌	목
목	금	토	일	월	화	㊌

일	월	화	수	목	금	토
1	2	3	4	5	6	7
8	9	10	11	12	13	14
15	16	17	18	19	20	21
22	23	24	25	26	27	28
29	30	31				

날짜가 4번 있는 세로줄은 넷째, 다섯째, 여섯째, 일곱째 줄입니다.
4가지 각각의 경우에 맞게 수요일을 적은 후 수요일을 기준으로 나머
지 요일을 알맞게 써넣습니다.
따라서 31일이 될 수 있는 요일은 일요일, 월요일, 화요일, 토요일입
니다.

최상위 사고력 A 6월은 30일까지 있으므로 30일까지 있는 요일 없는 달력을 그립니다.

1	2	3	4	5	6	7
8	9	10	11	12	13	14
15	16	17	18	19	20	21
22	23	24	25	26	27	28
29	30					

→

금	토	일	월	화	수	목
①	2	3	4	5	6	7
8	9	10	11	12	13	14
⑮	16	17	18	19	20	21
22	23	24	25	26	27	28
㉙	30					

<u>홀수가 3번 있는 세로줄은 첫째 줄이므로 첫째 줄의 요일은 금요일입</u>
니다. 금요일을 기준으로 나머지 요일을 알맞게 씁니다.
따라서 7월 1일은 6월 30일 토요일의 다음날이므로 일요일입니다.

> **보충 개념**
> 홀수는 일의 자리 숫자가
> 1, 3, 5, 7, 9인 수를 말합니다.

최상위 사고력 B 첫째 일요일은 1일부터 7일까지가 될 수 있습니다.
넷째 일요일은 첫째 일요일의 날짜에 7×3=21일을 더하면 되므로
22일부터 28일까지 될 수 있습니다.
따라서 ■=22, ▲=28입니다.

11-3. 여러 가지 시계 표현 108~109쪽

1 (1) 미시 정각, 묘시 이각, 신시 사각 (2) 9시 45분, 2시 45분, 12시 15분
최상위 사고력 4시 10분

저자 톡! 일반적인 시계가 아닌 기준이 다른 시계의 시각과 시간을 다루는 내용입니다. 시각과 시간의 기본 개념은 같으므로 하나씩 차례로 따져가며 구합니다.

1 (1) 13시는 13시부터 15시 전까지에 포함되므로 미시이고, 0분은 정각이므로 13시는 미시 정각입니다.
5시 30분은 5시부터 7시 전까지에 포함되므로 묘시이고, 30분은 이각이므로 5시 30분은 묘시 이각입니다.
16시는 15시부터 17시 전까지에 포함되므로 신시이고, 15시+60분(=1시간)=16시에서 60분은
사각이므로 16시는 신시 사각입니다.
(2) 사시 삼각: 사시는 9시부터 11시 전까지이므로 9시이고, 삼각은 45분이므로 사시 삼각은 9시 45분입니다.
축시 칠각: 축시는 1시부터 3시 전까지이므로 1시이고, 칠각은 105분(=60분+45분)이므로
축시 칠각은 2시 45분입니다.
오시 오각: 오시는 11시부터 13시 전까지이므로 11시이고, 오각은 75분(=60분+15분)이므로
오시 오각은 12시 15분입니다.

최상위 사고력 시계는 1시간(큰 눈금 한 칸 움직이는 시간)이 30분인 시계입니다.
6×5=30이므로 큰 눈금 1칸은 분침으로 5분을 나타냅니다. 100분 후는 30+30+30+10=100에서
3시간 10분 후이므로 100분이 지난 후 이 시계는 1시+3시간 10분=4시 10분을 가리킵니다.

1 ④   **2** 금요일, 토요일

3 4일   **4** 23시간 50분

---

1 같은 요일의 날짜는 7일씩 커지거나 작아지는 규칙이 있습니다.

먼저 8월 달의 날짜가 모두 같은 요일인지 확인합니다.

➡ 8월 9일, 8월 23일, 8월 30일은 모두 같은 요일입니다.

나머지 날짜에 가까운 날짜를 이용하여 같은 요일인지 알아봅니다.

7월 26일   8월 2일   8월 9일,   8월 30일   9월 7일

     7일   7일   8일

따라서 9월 7일만 나머지 날짜와 7일씩 차이 나지 않으므로
요일이 다릅니다.

2 이번 달은 2월이 아니므로 30일 또는 31일까지 있습니다.

① 이번 달이 30일인 경우: 이번 달 1일   다음 달 31일

     60일 전 / 60일 후

$7 \times 8 = 56$이므로 56일 전은 수요일이고, $56 + 4 = 60$이므로
수요일의 4일 전은 토요일입니다.

➡ 이번 달 1일은 토요일입니다.

② 이번 달이 31인 경우: 이번 달 1일   다음 달 31일

     61일 전 / 61일 후

$7 \times 8 = 56$이므로 56일 전은 수요일이고, $56 + 5 = 61$이므로
수요일의 5일 전은 금요일입니다.

➡ 이번 달 1일은 금요일입니다.

따라서 이번 달 1일이 될 수 있는 요일은 금요일, 토요일입니다.

해결 전략
요일을 구하기 위해서는 각 달의 날수를
알아야 합니다.

3 이달에는 일요일이 4번 또는 5번 있을 수 있습니다.

첫째 일요일의 날짜를 □라 하여 구합니다.

① 일요일: 4번

$\square + (\square + 7) + (\square + 14) + (\square + 21) = \square \times 4 + 42$

일요일의 날짜의 합이 70이므로 $\square \times 4 + 42 = 70$, $\square \times 4 = 28$, $\square = 7$

② 일요일: 5번

$\square + (\square + 7) + (\square + 14) + (\square + 21) + (\square + 28) = \square \times 5 + 70$

일요일의 날짜의 합이 70이므로 $\square \times 5 + 70 = 70$, $\square = 0$으로 불가능합니다.

따라서 어느 달의 첫째 일요일은 7일이므로 이달의 첫째 목요일은 $7 - 3 = 4$일입니다.

4 마드리드의 시각 8월 4일 오전 3시 40분은 인천의 시각 8월 4일
오전 11시 40분(=3시 40분+8시간)이므로 인천에서 마드리드로
갈 때 비행기를 탄 시간

           8월 4일 오전 11시 40분
    − 8월 3일 오후 10시 30분
           13시간 10분

마드리드의 시각 8월 20일 오전 8시 50분은 인천의 시각 8월 20일
오후 4시 50분(=8시 50분+8시간)이므로 마드리드에서 인천으로
돌아올 때 비행기를 탄 시간

           8월 21일 오전 3시 30분
    − 8월 20일 오후 4시 50분
           10시간 40분

따라서 승우가 비행기를 탄 전체 시간은 13시간 10분+10시간 40분=23시간 50분입니다.

해결 전략
인천은 마드리드보다 8시간(=13시−5시)
빠르므로 마드리드에서의 시각을 인천의 시
각으로 모두 바꾸어 비행기를 탄 시간을 계
산합니다.

Review Ⅳ 측정(2)

| 112~115쪽

1 75	**2** 1시 23분	**3** 5번
4 4월 20일 오전 7시 30분	**5** 오후 6시 50분	**6** 156번
7 8일 후	**8** 3시간 후	

1 같은 요일의 날짜는 7일씩 커지거나 작아지는 규칙이 있습니다.
7월의 첫째 토요일이 4일이므로 토요일의 날짜를 모두 쓰면 4일, 11일, 18일, 25일입니다.
7월은 31일까지 있으므로 7월 31일은 금요일이고, 8월 1일은 토요일입니다.
8월의 토요일의 날짜를 모두 쓰면 1일, 8일, 15일, 22일, 29일입니다.
따라서 8월의 토요일의 날짜를 모두 더하면 1+8+15+22+29=75입니다.

2 거울에 비친 시계의 실제 시각은 `01:15` (1시 15분)입니다.
따라서 8분 후의 실제 시각은 1시 15분+8분=1시 23분입니다.

해결 전략
거울에 비친 시계의 실제 시각을 먼저 구합
니다.

3 오전 9시부터 오전 11시까지 ➡ 2번 겹쳐집니다.
오전 11시부터 오후 1시까지 ➡ 12시에 1번 겹쳐집니다.
오후 1시부터 오후 2시 30분까지 ➡ 2번 겹쳐집니다.
따라서 오전 9시부터 오후 2시 30분까지 긴바늘과 짧은바늘은 모두
2+1+2=5(번) 겹쳐집니다.

주의
매 시간마다 1번씩 겹쳐진다고 생각하면 안
됩니다.

4 서울이 4월 1일 19시이고 파리가 4월 1일 11시이므로 서울이 파리보다 8시간(=19시−11시) 빠르고, 거꾸로 파리는 서울보다 8시간 느립니다.

$$4월\ 20일\ 오후\ 3시\ 30분$$
$$-\qquad\qquad\qquad 8시간$$
$$\overline{4월\ 20일\ 오전\ 7시\ 30분}$$

따라서 파리는 4월 20일 오전 7시 30분입니다.

5 낮과 밤의 길이의 차가 20분이므로 낮의 길이는 하루의 반인 12시간보다 10분이 더 긴 12시간 10분입니다.
낮의 길이는 해 뜨는 시각부터 해 지는 시각까지의 길이이므로
해 지는 시각은 오전 6시 40분+12시간 10분=18시 50분(오후 6시 50분)입니다.

6 이 시계는 오전에 1+2+3+……+11+12=78(번) 뻐꾸기 소리를 내므로 오후에도 똑같이 78번 뻐꾸기 소리를 냅니다.
따라서 이 시계는 하루에 78+78=156(번) 뻐꾸기 소리를 냅니다.

7 두 시계는 하루에 8분씩 차이가 납니다. 1시간은 60분이고, 8×8=64이므로 두 시계의 시각의 차가 처음으로 1시간보다 커지는 날은 8일 후입니다.

8 거울에 비친 시계가 4시를 가리키므로 실제 시각은 8시입니다.
거울에 비친 시계의 시각과 실제 시각의 차가 2시간이 되려면 실제 시각이 1시, 5시, 7시, 11시 중에 하나이어야 합니다.
현재 시각이 8시이므로 가장 빨리 될 수 있는 시각은 11시입니다.
따라서 거울에 비친 시계의 시각과 실제 시각의 차가 처음으로 2시간이 되는 것은 3시간(=11시−8시) 후입니다.

사고력이 톡톡 116쪽

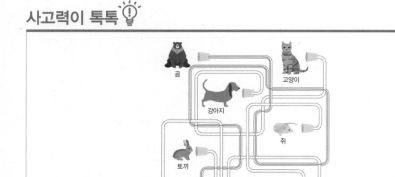

V 확률과 통계

오늘날과 같은 정보 사회에서는 정보를 올바르게 이해하고, 얻어진 정보가 맞는지 판단하며 효과적으로 처리하는 능력이 요구됩니다.

이번 단원에서는 통계의 기초인 표와 그래프를 주어진 자료를 이용하여 스스로 만들어 보고 바르게 해석해 보는 시간을 가집니다.

이를 통해 자연스럽게 자료보다는 표와 그래프가 알기 쉽고 비교하는데 편리하다는 것을 느끼도록 합니다.

13 표를 이용한 문제 해결에서 표를 이용하여 문제를 간단히 해결해 보는 경험합니다. 실생활 속에서도 표나 그래프의 장점을 이용하여 문제 해결의 실마리를 찾는 연습을 합니다.

최상위 사고력 **12** 표와 그래프

12-1. 표를 완성하고 해석하기 118~119쪽

1 (1) 3, 6, 2, 5, 1, 4, 7, 28 (2) ㉡, ㉢

최상위 사고력 (1) (위에서부터) 수학, 통합, 2 (2) ㉡, ㉣, ㉤

[저자 톡!] 자료를 보고 표로 나타냄으로써 표의 편리한 점을 알아보도록 합니다. 또한 표를 해석하고 비교하여 통계적 사실을 확인합니다.

1 (1) 과일별로 학생 수를 빠짐없이 중복되지 않도록 세어 수를 써넣습니다.

(2) ㉡ 포도를 좋아하는 학생 수는 5명입니다.

㉢ 좋아하는 학생 수가 가장 많은 과일은 체리입니다.

㉠, ㉣, ㉤은 표만 보고 알 수 없습니다.

따라서 (1)의 표만 보고 알 수 있는 사실은 ㉡, ㉢입니다.

> **주의**
> 자료를 표로 나타낼 때에는 종류별 자료의 수를 빠뜨리거나 겹쳐서 세지 않도록 주의합니다.

최상위 사고력 (1) 과목별 시간 수와 합계를 보면 7+3+10+㉢=22이므로

20+㉢=22, ㉢=2입니다.

시간표의 찢어지지 않은 부분에서

국어: 6시간, 수학: 3시간, 통합: 8시간, 창체: 2시간

이므로 빈칸에 알맞은 과목은 ㉠ 수학, ㉡ 통합입니다.

> **보충 개념**
> 국어 1시간, 통합 2시간이 시간표에 없으므로 찢어진 부분인 금요일 2, 3, 4교시에 들어가야 합니다.

과목별 시간표

과목	국어	㉠ 수학	㉡ 통합	창체	합계
시간(교시)	7	3	10	㉢ 2	22

(2) (1)의 표에서는 각 과목별 시간 수와 일주일 동안 학습하는 과목별 시간 수의 합계만 알 수 있을 뿐 무슨 요일에 어떤 과목을 학습하는지는 알 수 없습니다.

따라서 (1)의 표만 보고 알 수 없는 사실은 ㉡, ㉣, ㉤입니다.

1 (1) 　　　　　　좋아하는 색깔별 학생 수　　　　　(2) ⓒ, ⑩

학생 수(명) \ 색깔	빨강	파랑	노랑	초록	보라	분홍
7			○			
6			○			
5	○		○			
4	○		○	○		
3	○	○	○	○	○	
2	○	○	○	○	○	○
1	○	○	○	○	○	○

최상위 사고력 (1) 　　　　좋아하는 채소별 학생 수　　　　　(2) ⓒ, ⑩

학생 수(명) \ 채소	오이	감자	고구마	당근	양배추	토마토
7			○			
6		○	○			
5		○	○			○
4	○	○	○			○
3	○	○	○	○		○
2	○	○	○	○	○	○
1	○	○	○	○	○	○

저자 톡! 자료를 그래프로 바꾸었을 때 그래프의 편리함을 느껴 보고, 그래프를 올바르게 분석해 보는 연습을 합니다.

1 (1) 자료를 보고 학생 수만큼 ○를 아래에서부터 시작하여 위쪽으로 한 칸에 한 개씩 그립니다.

(2) ⓒ 빨강을 좋아하는 학생 5명은 보라와 분홍을 좋아하는 학생 4+2=6(명)보다 적습니다.

ⓜ 민수네 반 학생 수는 모두 5+3+7+3+4+2=24(명)입니다.

따라서 (1)의 그래프를 보고 잘못 설명한 것은 ⓒ, ⑩입니다.

> **보충 개념**
> 학생들이 좋아하는 색깔에 따라 분류하고, 좋아하는 색깔별 학생 수를 세어 봅니다.

최상위 사고력 (1) 감자를 좋아하는 학생 수를 ㉠, 당근를 좋아하는 학생 수를 ㉡,

양배추를 좋아하는 학생 수를 ㉢이라 하면 진우네 반은 27명이므로

4+7+5+㉠+㉡+㉢=27, ㉠+㉡+㉢=11입니다.

첫 번째 조건에서 ㉠=㉡+3입니다.

표로 나타내어 ㉠, ㉡, ㉢을 구합니다.

	㉠	㉡	㉢
①	3	0	8
②	4	1	6
③	5	2	4
④	6	3	2
⑤	7	4	0

> **보충 개념**
> ㉠=㉡+3이고, ㉠+㉡+㉢=11이므로
> ㉡=0이면 ㉠=0+3=3이고,
> ㉢=11-3-0=8입니다.

두 번째 조건에서 고구마를 좋아하는 학생이 가장 많으므로
㉠, ㉤는 불가능하고, ㉢이 가장 적으므로 ④만 가능합니다.
따라서 감자를 좋아하는 학생은 6명, 당근를 좋아하는 학생은
3명, 양배추를 좋아하는 학생은 2명입니다.

(2) ㉢ 오이와 양배추를 좋아하는 학생 수(4+2=6(명))는 감자를
좋아하는 학생 수(6명)와 같습니다.
㉥ 좋아하는 학생 수가 세 번째로 적은 채소는 오이입니다.
따라서 위 그래프를 보고 잘못 설명한 것은 ㉢, ㉥입니다.

12-3. 조건과 표

122~123쪽

1 5, 4, 7, 8

**최상위
사고력** 6, 3

2 9, 4, 1

저자 톡! 조건을 이용하여 표의 빠진 부분을 완성합니다. 자료를 표나 그래프로 바꾸는 것과 같이 조건을 표로 바꾸는 과정에서 주어진 조건과 합계를 빠짐없이 정확하게 이용합니다.

---

1 (2학년 학생 수)=(4학년 학생 수)−1=6−1=5(명)
(5학년 학생 수)=(4학년 학생 수)+1=6+1=7(명)
두 번째 조건에 맞게 3학년 학생은 4명, 5명, 6명……이 될 수 있고,
6학년 학생은 8명, 9명, 10명……이 될 수 있습니다.
남은 학생 수는 33−(3+5+6+7)=33−21=12(명)이므로 가능
한 것은 3학년 4명, 6학년 8명입니다.

> **해결 전략**
> 첫 번째 조건에 맞게 2학년과 5학년 학생
> 수를 먼저 써넣은 후 두 번째 조건을 생각
> 합니다.

2 첫 번째 조건에 맞게 독일에 가고 싶은 학생은 8명, 9명, 10명이 될
수 있습니다.
남은 학생 수는 32−11−7=14(명)이므로 독일에 가고 싶은 학생이
9명이면 미국에 가고 싶은 학생은 1명, 스위스에 가고 싶은 학생은
1+3=4(명)입니다.

> **해결 전략**
> 두 번째 조건에 맞게 미국에 가고 싶은 학
> 생 수를 □라 하면 스위스에 가고 싶은 학
> 생 수는 □+3입니다.

**최상위
사고력** 별빛 마을에 사는 학생은 4+4=8(명), 산들 마을에 사는 학생은
8+9=17(명), 해님 마을에 사는 학생은 8+6=14(명)입니다.
6개의 마을에 사는 학생은 73명이므로 달님 마을에 사는 학생은
73−(8+17+14+10+9)=73−58=15(명)입니다.
㉡=1, ㉠=2인 경우 (가람 마을에 사는 남학생 수)=9
➡ 전체 남학생 수: 4+8+2+8+9+3=34 (×)

> **해결 전략**
> ㉠이 ㉡의 2배이므로 ㉡=1, 2, 3, 4
> ……인 경우로 나누어 구합니다.

최상위 사고력 2B **72**

ⓒ=2, ㉠=4인 경우 (가람 마을에 사는 남학생 수)=8

➡ 전체 남학생 수: 4+8+4+8+8+3=35 (×)

ⓒ=3, ㉠=6인 경우 (가람 마을에 사는 남학생 수)=7

➡ 전체 남학생 수: 4+8+6+8+7+3=36 (○)

따라서 ㉠=6, ⓒ=3입니다.

마을별 학생 수

마을	별빛	산들	달님	해님	가람	두리	합계
남학생 수(명)	4	8	㉠ 6	8	7	3	36
여학생 수(명)	4	9	9	6	ⓒ 3	6	37
합계	8	17	15	14	10	9	73

1 ⓒ, ㉤　　　**2** 23점　　　**3** ②, ⑤

---

1 ㉠ 이긴 횟수는 민수: 2번, 영호: 4번, 지아: 1번이므로 가장 많이
이긴 사람의 횟수는 4번입니다.

ⓒ 매회 ○표가 1번 있으므로 비긴 적은 없습니다.

ⓒ 민수는 이긴 횟수가 2번, 진 횟수가 5번이므로 이긴 횟수보다
진 횟수가 더 많습니다.

㉣ 지아는 4회에 ×표이므로 졌습니다.

㉤ 영호가 이긴 횟수는 4번, 민수가 이긴 횟수는 2번이므로 영호는
민수보다 2번 더 이겼습니다.

따라서 잘못 설명한 것은 ⓒ, ㉤입니다.

> **주의**
> 이긴 사람은 ○표, 진 사람은 ×표입니다.

2 5회까지 얻은 점수를 쓰면 다음과 같습니다.

정우: 1+1+6+2+2=12(점)

보영: 2+3+3+6+6=20(점)

민수: 3+6+2+3+1=15(점)

진하: 6+2+1+1+3=13(점)

진하의 점수가 정우의 점수보다 7점 높으려면
<u>진하가 1등을 한 번은 해야 합니다.</u>

민수의 점수가 가장 높으려면 1등과 2등을 한 번씩 해야 합니다.

➡ 민수: 24점

> **보충 개념**
> 5회까지 얻은 점수가 정우는 12점, 진하는
> 13점으로 13−12=1(점) 차이입니다.

보영이는 24점보다 점수를 적게 받아야 하므로 3등, 4등 또는 4등, 4등을 해야 합니다.

보영이가 4등, 4등을 하면 정우는 3등, 3등을 하여 진하와 점수 차가 7점이 나지 않습니다.

➡ 보영이는 3등과 4등을 해야 합니다.

또한 정우도 3등과 4등을 하게 되고, 진하는 l등과 2등을 해야 진하의 점수가 정우의 점수보다 7점 높을 수 있습니다.

따라서 보영이는 3등과 4등 점수를 각각 l번씩 더하여 7회까지 얻은 점수는 20+2+l=23(점)입니다.

게임을 한 결과

이름 \ 횟수	l	2	3	4	5	6	7	점수
정우	l	l	6	2	2	2	l	l5
보영	2	3	3	6	6	l	2	23
민수	3	6	2	3	l	3	6	24
진하	6	2	l	l	3	6	3	22

3 첫 번째 조건에서 승하와 민수는 취미가 운동이기 때문에 반드시 수학을 좋아하는 기연이와 같이 여행을 가야 합니다.

➡ ④는 답이 될 수 없습니다.

두 번째 조건에서 유리, 기연, 민수는 6, 2, 4학년이므로 3명으로 여행을 갈 수 없습니다. ➡ ③, ④는 답이 될 수 없습니다.

세 번째 조건에서 기연이와 민수는 둘 다 남자이므로 둘이서만 여행을 갈 수 없습니다. ➡ ①은 답이 될 수 없습니다.

따라서 여행을 같이 갈 수 있는 경우는 ②, ⑤입니다.

최상위 사고력 **13** 표를 이용한 문제 해결

13-1. 표와 가짓수

126~127쪽

1 (1)

㉡ \ ㉠	l	2	3	4	5	6
l	2	3	4	5	6	7
2	3	4	5	6	7	8
3	4	5	6	7	8	9
4	5	6	7	8	9	10
5	6	7	8	9	10	11
6	7	8	9	10	11	12

(2) 5가지 (3) 7

최상위 사고력 (1) 8가지 (2) l점

저자 톡! 2개의 사건이 일어났을 때 가장 자주 일어날 것 같은 상황을 표를 그려 예측합니다. 확률적 사고를 기르고 합리적으로 판단하는 경험을 가질 수 있습니다.

1 (1) 가로줄의 수와 세로줄의 수가 만나는 칸에 두 수의 합을 써넣습니다.

(2) (㉠, ㉡)=(1, 5), (2, 4), (3, 3), (4, 2), (5, 1)로 5가지입니다.

(3)

두 수의 합	2	3	4	5	6	7	8	9	10	11	12
나온 횟수(번)	1	2	3	4	5	6	5	4	3	2	1

(1)의 표에서 7이 36번 중에 6번으로 가장 많습니다.

따라서 주사위 2개를 던졌을 때 가장 많이 나올 것으로 예상할 수 있는 두 수의 합은 7입니다.

최상위 사고력 (1) (민수의 점수, 병호의 점수)=(1, 3), (2, 4), (3, 5), (4, 6), (6, 4), (5, 3), (4, 2), (3, 1)로 8가지입니다.

해결 전략
두 사람이 나올 수 있는 모든 점수에 대한 점수의 차를 표로 나타냅니다.

(2)

병호\민수	1	2	3	4	5	6
1	0	1	2	3	4	5
2	1	0	1	2	3	4
3	2	1	0	1	2	3
4	3	2	1	0	1	2
5	4	3	2	1	0	1
6	5	4	3	2	1	0

점수의 차가 1점인 경우가 10번으로 가장 많습니다.

따라서 가장 많이 나올 것이라 예상할 수 있는 두 사람의 점수의 차는 1점입니다.

13-2. 연역표

128~129쪽

1 3반

2 O형

최상위 사고력 빨간색, 파란색, 노란색

저자 톡! 주어진 조건으로부터 결과를 이끌어 내는 것을 연역적 추론이라고 합니다. 여기서는 짝 맞추기에 대한 연역적 추론 문제를 풀어 보고 이와 같은 문제는 표를 이용하면 쉽게 해결할 수 있음을 느끼도록 합니다.

1 표로 나타내어 세 사람의 반을 찾아봅니다.

상민이는 3반이 아니고,
진우는 1반도 3반도 아닙니다.

이름\반	1반	2반	3반
상민			×
진우	×		×
영호			

➡

진우는 2반이어야 하고,
상민이는 진우와 다른 반이므로 1반입니다.

이름\반	1반	2반	3반
상민	○		×
진우	×	○	×
영호			

➡

영호는 상민이와 진우와 다른 반이므로 3반입니다.

이름\반	1반	2반	3반
상민	○		×
진우	×	○	×
영호			○

따라서 영호는 3반입니다.

2 표로 나타내어 네 사람의 혈액형을 찾아봅니다.

첫 번째 조건에서 미라와 인수는 B형이 아니고, 두 번째 조건에서 동호는 A형입니다.

이름＼혈액형	A형	B형	AB형	O형
동호	○			
미라		×		
인수		×		
유리				

→

세 번째 조건에서 미라와 유리는 B형과 AB형 중 하나이므로 다른 혈액형은 아닙니다.

이름＼혈액형	A형	B형	AB형	O형
동호	○			
미라	×	×	.	×
인수		×		
유리	×			×

→

미라는 AB형이어야 하고, 유리는 B형입니다. 인수는 동호, 미라, 유리와 같은 혈액형이 될 수 없으므로 O형입니다.

이름＼혈액형	A형	B형	AB형	O형
동호	○			
미라	×	×	○	×
인수		×		○
유리	×	○		×

따라서 인수는 O형입니다.

최상위 사고력 표로 나타내어 세 사람의 모자 색깔을 찾아봅니다.

첫 번째 조건에서 선영이는 노란색 모자를 쓰지 않았고,
두 번째 조건에서 민수는 파란색 모자를 쓰지 않았으며,
세 번째 조건에서 지우는 파란색 모자를 쓰지 않았습니다.

이름＼모자색깔	빨강	파랑	노랑
지우		×	
선영			×
민수		×	

→

파란색 모자를 쓴 사람이 한 사람이라도 있어야 하므로 파란색 모자를 쓴 사람은 선영입니다.

이름＼모자색깔	빨강	파랑	노랑
지우		×	
선영		○	×
민수		×	

→

두 번째, 세 번째 조건에 의해 몸무게의 관계는 다음과 같습니다.
민수＜파란색 모자(선영)＜지우
첫 번째 조건에서 선영이는 노란색 모자를 쓴 사람보다 무겁다고 했으므로 민수는 노란색 모자를 썼습니다.
따라서 나머지 빨간색 모자를 쓴 사람은 지우입니다.

이름＼모자색깔	빨강	파랑	노랑
지우	○	×	
선영		○	×
민수		×	○

따라서 지우가 쓴 모자는 빨간색, 선영이가 쓴 모자는 파란색, 민수가 쓴 모자는 노란색입니다.

13-3. 표를 그려 문제 해결하기

130~131쪽

1 4가지

최상위 사고력 A 5마리

2 5일

최상위 사고력 B 6문제

저자 톡! 복잡해 보이는 문제도 표를 그려 풀면 쉽게 해결할 수 있음을 느끼도록 합니다. 표를 그릴 때는 작은 수에서 큰 수, 큰 수에서 작은 수로 수를 써서 규칙을 찾아 문제를 해결합니다.

1

6인용 테이블 수	7	6	5	4	3	2	1	0
4인용 테이블 수	1	(불가능)	4	(불가능)	7	(불가능)	10	(불가능)

따라서 필요한 테이블 수로 가능한 방법은 모두 **4가지**입니다.

해결 전략
6인용 테이블이 가장 많은 경우부터 테이블 수를 1개씩 줄여가며 빈 자리 없이 테이블에 앉는 방법을 모두 찾아봅니다.

2 표를 그려 찾아보면 달팽이는 5일째 되는 날 낮에 11 m를 올라가게 됩니다.

지난 날수		1일	2일	3일	4일	5일
올라온 높이	낮	3 m	5 m	7 m	9 m	11 m
	밤	2 m	4 m	6 m	8 m	

따라서 달팽이는 5일째 되는 날 우물을 빠져나올 수 있습니다.

주의

달팽이가 낮에 3 m 올라가고 밤에 1 m 미끄러지므로 매일 2 m씩 우물을 올라간다고 생각하기 쉽습니다. 이렇게 생각하면 달팽이가 11 m의 우물을 빠져나오는데 $2 \times 6 = 12$(m)이므로 답을 6일로 틀리게 말할 수도 있습니다.

최상위 사고력 A 표를 그려 답을 찾아봅니다.

토끼의 수	1	2	3	4	5
닭의 수	2	4	6	8	10
다리의 수	8	16	24	32	40

토끼가 5마리일 때 닭은 10마리이고 토끼와 닭의 다리는 모두 40개가 됩니다.
따라서 농장에 있는 토끼는 5마리입니다.

최상위 사고력 B 표를 그려 답을 찾아봅니다.

맞힌 문제 수	10	9	8	7	6
틀린 문제 수	0	1	2	3	4
점수	50	43	36	29	22

맞힌 문제가 6문제이고, 틀린 문제가 4문제일 때 얻은 점수가 22점입니다.
따라서 민주가 맞힌 문제는 모두 6문제입니다.

최상위 사고력

132~133쪽

1 7점 **2** 9개
3 이씨 **4** 1마리

---

1 나올 수 있는 점수의 합을 표로 나타냅니다.

㉠＼㉡	4	5	6
1	5	6	7
2	6	7	8
3	7	8	9

두 점수의 합이 7점인 경우가 3번으로 가장 많습니다.
따라서 가장 많이 나올 것으로 예상할 수 있는 점수의 합은 7점입니다.

2 시간이 지남에 따라 초가 몇 개씩 켜지는지 표를 그려 찾아봅니다.

지난 시간	0분	15분	30분	45분	1시간	1시간 15분	1시간 30분	1시간 45분	2시간	2시간 5분	2시간 15분
불이 켜진 초의 수	1	2	3	4	5	6	7	8	9	8	9

처음 초를 켰을 때부터 2시간이 지날 때 초가 9개로 가장 많이 켜지고,
2시간 5분이 지나면서부터 켜진 초 중에 꺼지는 초가 하나씩 생겨 켜져 있는 초는 9개를 넘지 못하게 됩니다.
따라서 초에 불이 가장 많이 켜지는 것은 9개입니다.

3 주어진 조건을 확실하게 알 수 있는 조건으로 바꿉니다.

• 영민이의 성은 이씨나 박씨 중 하나입니다.	• 영민이의 성은 김씨와 차씨가 아닙니다.
• 지수의 성은 김씨나 이씨 중 하나입니다.	• 지수의 성은 박씨와 차씨가 아닙니다.
• 동혁이의 성은 김씨나 박씨 중 하나입니다.	• 동혁이의 성은 이씨와 차씨가 아닙니다.
• 이씨는 영민이나 민우의 성 중 하나입니다.	• 이씨는 지수와 동혁이의 성이 아닙니다.

첫 번째 조건에서 영민이의 성은 김씨와 차씨가 아닙니다.

	김	이	박	차
영민	×			×
지수				
동혁				
민우				

➡ 두 번째 조건에서 지수의 성은 박씨와 차씨가 아닙니다.

	김	이	박	차
영민	×			×
지수			×	×
동혁				
민우				

➡ 세 번째 조건에서 동혁이의 성은 이씨와 차씨가 아닙니다.

	김	이	박	차
영민	×			×
지수			×	×
동혁		×		×
민우				

➡

네 번째 조건에서 이씨는 지수와 동혁이의 성이 아닙니다.

	김	이	박	차
영민	×			×
지수		×	×	×
동혁		×		×
민우				

➡ 지수의 성은 김씨이고, 민우의 성은 차씨입니다.
성이 모두 다르므로 동혁이의 성은 박씨이고, 영민이의 성은 이씨입니다.

	김	이	박	차
영민	×	○		×
지수	○	×	×	×
동혁		×	○	×
민우				○

따라서 영민이의 성은 이씨입니다.

4 다리의 수를 찾는 표와 날개 쌍의 수를 찾는 표를 각각 그려서 찾아봅니다.

① 거미가 가장 많은 6마리라고 생각하고 수를 1마리씩 줄여가며 찾아봅니다.
이때 잠자리와 파리의 다리의 수는 같으므로 다리 6개인 곤충의 수로 같이 적습니다.

거미의 수	6	5	4	3	2	1
다리 6개인 곤충의 수	0	1	2	3	4	5
다리의 수	48	46	44	42	40	38

➡ 거미는 2마리입니다.

② 남은 4마리 중에서 잠자리가 가장 많은 4마리라고 생각하고 수를 1마리씩 줄여가며 찾아봅니다.

거미의 수	2	2	2	2	2
잠자리의 수	4	3	2	1	0
파리의 수	0	1	2	3	4
날개 쌍의 수	8	7	6	5	4

➡ 잠자리는 1마리, 파리는 3마리입니다.

따라서 잠자리는 1마리입니다.

1 ㉠, ㉢　　　　2 4대

3 6자루　　　　4 4점

5 박씨, 10살　　　6 32번

---

1 ㉠ 여우를 좋아하는 학생 7명은 독수리를 좋아하는 학생 9명보다 적습니다.

㉡ 1반 학생이 기린을 정확히 몇 명을 좋아하는지 알 수 없습니다.

㉢ 표에서 합계가 44이므로 1반과 2반 학생은 모두 44명입니다.

㉣ 여학생들이 어떤 동물을 몇 명이나 좋아하는지는 알 수 없습니다.

㉤ 학생들이 호랑이가 무서워서 좋아하지 않는지는 알 수 없습니다.

따라서 표를 보고 알 수 있는 사실은 ㉠, ㉢입니다.

2

세발자전거의 수	7	6	5	4	3	......
두발자전거의 수	0	1	2	3	4	......
바퀴의 수	21	20	19	18	17	......

세발자전거가 3대이고 두발자전거가 4대일 때

자전거 바퀴의 수는 17개가 됩니다.

따라서 두발자전거는 4대입니다.

> **해결 전략**
> 세발자전거가 가장 많은 7대라고 생각하고
> 1대씩 줄여가며 찾아봅니다.

3 진혁이보다 연필을 적게 가진 학생이 3명이므로 진혁이는 연필을 5자루

보다 많이 가져야 합니다.

진혁이가 연필을 7자루 가지면 미호도 진혁이보다 연필을 더 적게

가지게 되므로 진혁이보다 연필을 더 적게 가진 학생은 4명이 됩니다.

따라서 진혁이가 가진 연필은 5자루보다 많고 7자루보다 적은 6자루입니다.

4

㉠＼㉡	1	2	3
1	2	3	4
2	3	4	5
3	4	5	6

점수의 합이 4점인 경우가 3번으로 가장 많습니다.

따라서 가장 많이 나올 것으로 예상할 수 있는 점수의 합은 4점입니다.

> **해결 전략**
> 나올 수 있는 점수의 합을 표로 나타냅니다.

5 ① 승호는 민하와 이씨 성을 가진 학생보다 어립니다.

승호는 이씨가 아니고 가장 어립니다.

민하는 이씨가 아닙니다.

이름＼성	김	이	박
승호		×	
민하		×	
지영		○	

이름＼나이	8살	9살	10살
승호	○		
민하			
지영			

➡ 지영이는 이씨입니다.

> **해결 전략**
> 이름과 성이 있는 표와 이름과 나이가 있는
> 표를 각각 그려서 찾아봅니다.

② 박씨 성을 가진 학생은 이씨 성을 가진 학생보다 나이가 많습니다.

박씨 성을 가진 학생은 지영이보다 나이가 많습니다.

승호가 8살이므로 박씨 성을 가진 학생은 10살이고, 지영이는9살
입니다.

이름＼성	김	이	박
승호	○	×	×
민하		×	○
지영			○

이름＼나이	8살	9살	10살
승호	○		
민하			○
지영		○	

➡ 민하는 10살입니다.

따라서 민하는 박씨이고 10살입니다.

6 줄넘기를 가장 많이 넘은 사람부터 차례로 써서 표로 나타내어 봅니다.

등수	1	2	3	4	5	6	7	8	9	10	11
이름	소유	유나	성우	나영	민수	기태	상호	혜리	동연	효선	한영
횟수	64	55	50	49	38	36	34	21	20	15	6

승우는 줄넘기를 효선(15번)이보다 많이 넘었고, 기태(36번)보다 적
게 넘었으므로 줄넘기를 넘은 횟수가 가장 크거나 작지 않습니다.

줄넘기를 가장 많이 넘은 소유와 줄넘기를 가장 적게 넘은 한영이의
줄넘기 횟수를 더하면 64+6=70이므로 합이 70이 되는 사람끼리
짝지었을 때 남는 사람이 승우와 짝이 됩니다. 민수만 줄넘기 횟수의
합이 70이 되기 위한 짝이 없으므로 승우와 짝이 되어야 합니다.

➡ 38+□=70, □=32이므로 승우가 넘은 줄넘기 횟수는
32번입니다.

해결 전략
두 사람씩 짝을 지어 줄넘기 횟수를 더한
값이 모두 같아지려면 다음과 같이 짝을 지
어야 합니다.
(가장 큰 수, 가장 작은 수),
(둘째로 큰 수, 둘째로 작은 수),
(셋째로 큰 수, 셋째로 작은 수)……

VI 규칙

이 단원에서는 규칙이 한 가지와 여러 가지 섞여 있는 패턴에서 규칙 찾기, 수 배열에서 규칙 찾기를 배우고 이를 이용하여 다양한 상황 속에서 규칙을 이용하여 문제를 해결하는 경험을 하게 됩니다.

규칙 찾기는 수학에서도 중요한 영역 중에 하나지만 우리가 생활하는데 없어서는 안될 중요한 능력입니다.

수학 학습에서 추론 능력이 중요한 것은 누구나 알고 있지만 주로 고학년에서 다루므로 어린 학생들이 가지고 있는 능력은 그때까지 계발하지 못합니다.

이번 기회에 여러 가지 규칙을 수수께끼를 풀듯이 재미있게 접해 보며 창의적이고 유연한 사고를 해 보도록 합니다.

최상위 사고력 **14** **여러 가지 규칙**

14-1. 모양의 규칙

138~139쪽

저자 톡! 한 가지 규칙만 있는 것이 아닌 2가지, 3가지 규칙이 섞인 패턴을 다룹니다. 계획없이 문제를 풀기보다 모양, 개수, 색깔, 크기 등의 속성을 먼저 기준으로 정하여 규칙을 찾아보도록 합니다.

1 규칙이 2가지입니다.

(1) 규칙 I : 크기가 작은 것과 큰 것이 되풀이 됩니다.

규칙 2 : 색칠한 칸의 위치가 시계 방향으로 I칸씩 이동합니다.

따라서 빈 곳에 크기가 작고 왼쪽 위의 칸이 색칠된 모양을 그립니다.

(2) 규칙 I : 색칠한 칸의 위치가 위로 I칸씩 이동합니다.

규칙 2 : 짝수 번째에는 색칠한 칸과 색칠하지 않은 칸이 서로 바뀝니다.

따라서 빈 곳에 위에서 두 번째 칸만 색칠되지 않은 모양을 그립니다.

> **해결 전략**
> 크기, 방향, 위치 등 각각의 속성별로 규칙을 찾습니다.

2 규칙이 3가지입니다.

규칙 I : 윗줄은 △□□이 되풀이 됩니다.

➡ I2번째 모양은 □입니다.

규칙 2 : 아랫줄은 □△이 되풀이 됩니다.

➡ I2번째 모양은 △입니다.

규칙 3 : 홀수 번째에는 모양을 색칠합니다.

➡ I2번째는 짝수 번째이므로 색칠하지 않습니다.

따라서 I2번째 윗줄에는 □을 그리고, 아랫줄에는 △을 그립니다.

> **해결 전략**
> 윗줄, 아랫줄, 홀수 번째, 짝수 번째로 규칙을 찾습니다.

(1) 규칙 | : 색칠한 칸이 시계 반대 방향으로 이동합니다.

규칙 2 : 색칠한 칸이 | 칸, 2칸, 3칸, 4칸……으로 | 칸씩 늘어납니다.

규칙 3 : 다음 칸을 색칠할 때 색칠한 마지막 칸에서 띄는 칸이 | 칸, 2칸, 3칸, 4칸……으로 | 칸씩 늘어납니다.

따라서 빈 곳에는 바로 전에 색칠한 마지막 칸에서 4칸(⑧, ①, ②, ③) 띄고 5칸 색칠하면 되므로 ④, ⑤, ⑥, ⑦, ⑧을 색칠합니다.

해결 전략
규칙이 3가지입니다.

(2) 규칙 | : 짝수 번째에는 ▲ 모양이 도형의 한가운데 들어갑니다.

규칙 2 : 첫 번째 모양의 가장 윗줄의 색칠된 | 칸이 그 줄에서 왼쪽 끝과 오른쪽 끝으로 번갈아 가며 움직입니다.

규칙 3 : 첫 번째 모양의 가장 아랫줄의 색칠된 2칸이 시계 방향으로 도형의 바깥쪽 테두리를 따라 | 칸씩 움직입니다.

해결 전략
규칙이 3가지입니다.

14-2. 바둑돌의 규칙

140~141쪽

1 62개	**2** 검은 바둑돌, 12개	최상위 사고력 (1) 5개 (2) 90개

저자 톡! 바둑돌이 규칙적으로 놓여 있는 것을 보고 흰 바둑돌과 검은 바둑돌의 개수의 차를 묻는 주제입니다. 흰 바둑돌과 검은 바둑돌의 개수를 각각 구하는 것이 아닌 차이의 규칙을 찾아 구하도록 합니다.

1

모양				
흰 바둑돌의 개수		+2	2+3	3+4	4+5
검은 바둑돌의 개수		×	2×2	3×3	4×4

흰 바둑돌의 개수 : (□번째의 수)＋(□번째의 수＋|)

검은 바둑돌의 개수 : (□번째의 수)×(□번째의 수)

(9번째에 놓이는 흰 바둑돌의 개수)＝9＋(9＋|)＝9＋|0＝|9(개)

(9번째에 놓이는 검은 바둑돌의 개수)＝9×9＝8|(개)

따라서 9번째 모양에는 검은 바둑돌이 흰 바둑돌보다

8|－|9＝62(개) 더 많이 놓입니다.

2 검은 바둑돌이 2개 더 많습니다. (3−1=2)

검은 바둑돌이 2개 더 많습니다. (7−5=2)

검은 바둑돌이 2개 더 많습니다. (11−9=2)

해결 전략
놓여 있는 바둑돌을 ⌐ 모양으로 나눈 후 나누어진 부분에서 검은 바둑돌과 흰 바둑돌의 개수의 차가 몇 개인지 규칙을 찾습니다.

각각의 나누어진 부분에서 검은 바둑돌이 흰 바둑돌보다 2개씩 더 많으므로 가로와 세로에 바둑돌이 각각 12개씩 되도록 놓인 경우에는 검은 바둑돌이 흰 바둑돌보다 2×6=12(개) 더 많이 놓입니다.

최상위 사고력 (1)

바둑돌을 앞에서부터 2개, 3개, 4개……로 나누면 나누어진 부분에서 흰 바둑돌이 검은 바둑돌보다 0개, 1개, 2개…… 더 많아집니다.

0+1+2+3+4=10이므로 나누어진 5부분에서 흰 바둑돌이 검은 바둑돌보다 10개 더 많습니다.

따라서 검은 바둑돌은 나누어진 부분에 각각 1개씩 있으므로 나누어진 5부분에는 검은 바둑돌이 모두 5개 있습니다.

(2)

바둑돌을 앞에서부터 1개, (2개, 3개), (4개, 5개)……로 나누면 나누어진 부분에서 흰 바둑돌이 검은 바둑돌보다 1개씩 더 많습니다.

1+1+1+……+1=10이므로 나누어진 10부분에서 흰 바둑돌이 검은 바둑돌보다 10개 더 많습니다.

따라서 검은 바둑돌은 나누어진 부분에 0개, 2개, 4개, 6개……
있으므로 나누어진 10부분에는 검은 바둑돌이 모두
0+2+4+6+8+10+12+14+16+18=90(개) 있습니다.

14-3. 수 배열의 규칙

142~143쪽

1 ㉢

2 검지

최상위 사고력 (1) 40 (2) 12번째 선에서 6째 수

저자 톡! 한 줄로 늘어놓은 수열에서는 앞뒤에 놓인 수들의 관계 속에서 규칙을 찾는다면, 한 줄이 아닌 수의 배열에서는 어떤 특정한 위치에 놓인 수들의 규칙을 찾습니다. 수들이 어떤 자리에서 규칙이 있는지를 찾는 것에 목적을 두어 학습합니다.

1 ㉠부터 시계 반대 방향으로 돌아가며 차례로 수가 놓이고, 각 꼭짓점에 놓이는 수들은 5씩 커집니다.

㉠에 놓이는 수 중에 46(=1+5×9)이 있으므로 45는 ㉠ 바로 전인 ㉢에 놓입니다.

> **다른 풀이**
> 오각형에는 5개의 꼭짓점이 있습니다. ㉢에 놓이는 수들은 5×□의 형태이고 45=5×9 이므로 45는 ㉢에 놓입니다.

2 엄지로 세는 수는 1부터 시작하여 8씩 커지므로 엄지로 세는 수를 써 보면 1, 9, 17, 25, 33……으로

엄지로 세는 □번째 수는 1+8×(□−1)입니다.

따라서 1+8×6=49로 49이고 엄지로 세게 되므로 49보다 1 큰 수인 50은 엄지 다음인 검지로 세게 됩니다.

최상위 사고력 (1) 9번째 선에서 첫째 수는 선이 꺾이는 부분의 수이므로

1+(1+2+3+4+5+6+7+8)=37입니다.

따라서 9번째 선에서 넷째 수는 37, 38, 39, 40이므로 40입니다.

(2) 1+(1+2+3+4+5+6+7+8+9+10+11)=67이므로

12번째 선의 첫째 수는 67입니다.

따라서 67, 68, 69, 70, 71, 72이므로 72는 12번째 선에서 여섯째 수입니다.

> **해결 전략**
> 선이 꺾이는 부분의 수들을 나열하면 1, 2, 4, 7……로 1, 2, 3, 4……씩 커집니다.
> 1, 2, 4, 7, 11, 16, 22……
> +1 +2 +3 +4 +5 +6

최상위 사고력

144~145쪽

1 ⫽7

2 △

3 ○○○○
○○○
○○○

4 6행 10열

---

1 규칙이 2가지입니다.

규칙 1: ⧸ 모양이 시계 반대 방향으로 반의 반바퀴씩 돌아갑니다.

규칙 2: 짧은 선의 수가 1개씩 늘어납니다.

따라서 빈 곳에 ⧸ 모양이면서 짧은 선의 수가 4개인 모양을 그립니다.

2 규칙이 3가지입니다.

규칙 I : 모양이 ○△□가 되풀이 됩니다. ➡ 20번째 모양은 △입니다.

규칙 2 : 크기가 작은 것과 큰 것이 되풀이 됩니다. ➡ 20번째 모양은 큰 것입니다.

규칙 3 : 색깔이 칠한 것, 칠한 것, 안 칠한 것이 되풀이 됩니다.

　　➡ 20번째 모양은 칠한 것입니다.

따라서 20번째에는 △ 모양이고, 크기가 크고, 색을 칠한 을 그립니다.

3 규칙이 3가지입니다.

규칙 I : 사각형 테두리를 따라 ○ 모양을 시계 방향으로 I칸씩 움직이며 색칠합니다.

규칙 2 : 색칠된 ○ 모양이 I개씩 늘어납니다.

규칙 3 : 한가운데 칸은 색칠하지 않은 칸과 색칠한 칸이 되풀이 됩니다.

따라서 빈 곳을 알맞게 색칠하면 ●●●
●●●
○○● 입니다.

4

	I열	2열	3열	4열	5열
I행	I+²4	9	16	25	
2행	2	3+⁴8	15	24	
3행	5	6	7+⁶I4	23	
4행	10	11	12	13+²22	
5행	17	18	19	20	21

(실제 표 배열: 1행 1 4 9 16 25 / 2행 2 3 8 15 24 / 3행 5 6 7 14 23 / 4행 10 11 12 13 22 / 5행 17 18 19 20 21)

해결 전략

대각선에 있는 수들의 규칙을 찾아 구합니다.

I, 3, 7, I3, 2I ……
　+2　+4　+6　+8

대각선에 있는 수들은 더하는 수가 2부터 시작하여 2씩 커집니다.

I+(2+4+6+8+10+12+14+16+18)=91이므로

10행 10열의 수는 91입니다.

같은 열에서 대각선에 있는 수부터 위로 갈수록 I씩 커지고,

91+4=95이므로 95는 10행 10열에서 위로 4행 간 곳인

6행 10열의 수입니다.

다른 풀이 ①

I, 4, 9, I6, 25, ……
　+3　+5　+7　+9

I행에 있는 수들은 더하는 수가 3부터 시작하여 2씩 커집니다.

I+(3+5+7+9+11+13+15+17+19)=I+99=100이므로

I행 10열의 수는 100입니다.

같은 열에서 대각선에 있는 수까지는 아래로 갈수록 I씩 작아지고, 100−5=95이므로

95는 I행 10열에서 아래로 5행 간 곳인 6행 10열의 수입니다.

다른 풀이 ②

I, 2, 5, I0, I7, ……
　+I　+3　+5　+7

I열에 있는 수들은 더하는 수가 I부터 시작하여 2씩 커집니다.

I+(1+3+5+7+9+11+13+15+17)=I+81=82이므로 10행 I열의 수

는 82입니다. 같은 행에서 대각선에 있는 수까지는 오른쪽으로 갈수록 I씩 커지고,

82+9=91이므로 10행 I열에서 9열 간 곳인 10행 10열의 수는 91입니다. 같은 열에

서 대각선에 있는 수부터 위로 갈수록 I씩 커지고, 91+4=95이므로 95는 10행 10열

에서 위로 4행 간 곳인 6행 10열의 수입니다.

15-1. 연산 규칙

1 17개

2 (1) 15 (2) 32

최상위 사고력 (1) 9 (2) 아니오 (3) 9

저자 톡! 덧셈, 뺄셈, 곱셈, 나눗셈은 규칙을 정해 만든 하나의 약속입니다. 사칙 연산 이외에 다른 방법으로도 연산 기호를 만들 수 있음을 경험하고 규칙을 찾아 문제를 해결합니다.

1

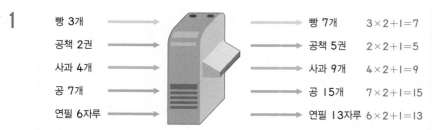

빵 3개	→	빵 7개	$3 \times 2 + 1 = 7$
공책 2권	→	공책 5권	$2 \times 2 + 1 = 5$
사과 4개	→	사과 9개	$4 \times 2 + 1 = 9$
공 7개	→	공 15개	$7 \times 2 + 1 = 15$
연필 6자루	→	연필 13자루	$6 \times 2 + 1 = 13$

> **보충 개념**
> 일대일대응은 이후 중고등 과정에서 배우는 집합, 함수, 기하 등 수학의 많은 영역에 적용될 뿐만 아니라 수학 이외의 영역에서 필요한 사고력의 근간이 됩니다.

기계의 규칙은 (들어가는 수)×2+1=(나오는 수)입니다.
따라서 기계에 귤 8개를 넣으면 나오는 귤은 $8 \times 2 + 1 = 17$(개)입니다.

2 $3 \bigstar 2 = 3 \times 2 - 2 = 4$, $2 \bigstar 6 = 2 \times 6 - 2 = 10$,
$5 \bigstar 3 = 5 \times 3 - 3 = 12$, $4 \bigstar 6 = 4 \times 6 - 4 = 20$
이므로 기호 ★의 규칙은
(앞의 수)×(뒤의 수)−(앞의 수와 뒤의 수 중 작은 수)입니다.
(1) $3 \bigstar 6 = 3 \times 6 - 3 = 18 - 3 = 15$
(2) $9 \bigstar 4 = 9 \times 4 - 4 = 36 - 4 = 32$

> **보충 개념**
> 뺄셈, 곱셈이 섞여 있는 식은 곱셈을 먼저 계산합니다.
> $3 \times 6 - 3 = 18 - 3 = 15$
> ①
> ②

최상위 사고력 $4 \blacktriangle 4 = (4-4) \times (4-4) = 0 \times 0 = 0$,
$8 \blacktriangle 7 = (8-7) \times (8-7) = 1 \times 1 = 1$,
$5 \blacktriangle 2 = (5-2) \times (5-2) = 3 \times 3 = 9$,
$2 \blacktriangle 4 = (4-2) \times (4-2) = 2 \times 2 = 4$,
$7 \blacktriangle 3 = (7-3) \times (7-3) = 4 \times 4 = 16$,
$1 \blacktriangle 6 = (6-1) \times (6-1) = 5 \times 5 = 25$이므로 기호 ▲의 규칙은 두 수의 차를 2번 곱하는 것입니다.
또한 규칙이 맞으면 예를, 맞지 않으면 아니오를 써넣은 것입니다.
(1) $8 \blacktriangle 5 = (8-5) \times (8-5) = 9$
따라서 빈 곳에 9를 써넣습니다.
(2) $5 \blacktriangle 10 = (10-5) \times (10-5) = 25$
따라서 빈 곳에 아니오를 써넣습니다.
(3) □<4인 경우 $(4-□) \times (4-□) = 25$를 만족하는 □는 없지만
□>4인 경우 $(□-4) \times (□-4) = 25$, □=9입니다.
따라서 빈 곳에 9를 써넣습니다.

1 예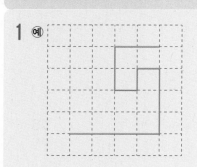

2 65

최상위 사고력 A   15

최상위 사고력 B   5, 25, 70

저자 톡! 숫자, 모양, 위치 등 다양한 요소로 규칙을 정할 수 있습니다. 평소에 생각해 보지 못했던 규칙을 찾아볼 수 있도록 다양하게 생각하며 문제를 풀어 봅니다.

1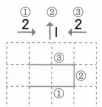

① 오른쪽으로 2만큼 그리기

② 위쪽으로 1만큼 그리기

③ 왼쪽으로 2만큼 그리기

화살표 방향으로 주어진 수의 길이만큼 선을 그리는 규칙입니다.

따라서 ①~⑦의 순서로 규칙에 맞게 선을 그립니다.

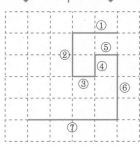

① 왼쪽으로 2만큼 그리기

② 아래쪽으로 2만큼 그리기

③ 오른쪽으로 1만큼 그리기

④ 위쪽으로 1만큼 그리기

⑤ 오른쪽으로 1만큼 그리기

⑥ 아래쪽으로 3만큼 그리기

⑦ 왼쪽으로 4만큼 그리기

2 다음 모양이 나타내는 것은 그 모양으로 둘러싸인 수입니다.

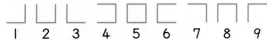

또한 삼각형이 나타내는 것은 삼각형 1개는 삼각형으로 둘러싸인 기호 중 위에 있는 기호이고, 삼각형 2개를 이어 놓은 것은 삼각형으로 둘러싸인 기호 중 아래에 있는 기호입니다.

따라서 주어진 모양이 나타내는 수는 7×9+4−2=63+4−2=65입니다.

해결 전략

보기의 규칙은 다음과 같습니다.

□⊐⊐∟=5
6 − 4 + 3

□◿∟◹=11
5 × 3 − 4

7 × 9 + 4 − 2=63+4−2=65

최상위 사고력 A 삼각형의 각 꼭짓점에 놓이는 수를 ㉡, ㉢, ㉣이라 하면
삼각형 안에 있는 수는 ㉡×㉢－㉣인 규칙입니다.
따라서 ㉠에 알맞은 수는 $4×6－9＝15$입니다.

최상위 사고력 B 화살표로 이어진 수들을 앞에서부터 차례로 첫째 수, 둘째 수, 셋째 수, 넷째 수라고 하면
다음과 같이 3가지 규칙을 찾을 수 있습니다.
① (첫째 수)－4＝(둘째 수)
② (둘째 수)×5＝(셋째 수)
③ (첫째 수)×(둘째 수)＋(셋째 수)＝(넷째 수)
따라서 ①번 규칙에 따라 $9－4＝㉠$, $㉠＝5$,
②번 규칙에 따라 $㉠×5＝㉡$, $5×5＝㉡$, $㉡＝25$,
③번 규칙에 따라 $9×㉠＋㉡＝㉢$, $9×5＋25＝㉢$, $㉢＝70$입니다.

15-3. 규칙 찾아 해결하기

150~151쪽

| **1** 36개 | **2** 31도막 |
| 최상위 사고력 A 140개 | 최상위 사고력 B 127개 |

저자 톡! 눈으로 보는 것만으로 규칙을 찾기 어려울 때가 있습니다. 이때 모양을 수로 나타내면 규칙을 쉽게 찾을 수 있음을 경험하도록합니다.

1 삼각형이 4개씩 늘어나는 규칙입니다.

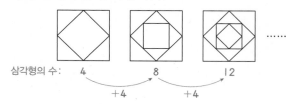

따라서 (몇 번째 도형에서 나누어진 삼각형의 수)＝4×(몇 번째 수)
이므로 9번째 도형에서 나누어진 삼각형은 모두 $4×9＝36$(개)입니다.

2 실을 한 번씩 자를 때마다 3도막씩 새로 생깁니다.

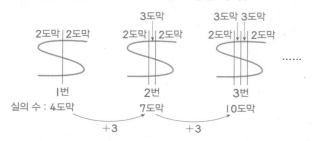

따라서 (몇 번 잘랐을 때 나누어진 실의 수)＝1＋3×(몇 번째 수)이므로
10번 잘랐을 때 실은 모두 $1＋3×10＝31$(도막)으로 나누어집니다.

최상위 사고력 2B **88**

가장 아래 층에 생기는 구슬의 모양은 다음과 같습니다.

......

1층 　 2층 　 3층 　 4층

한 층씩 늘어날 때마다 구슬의 수가 가장 아래 층에 있는 구슬의 수인
2×2, 3×3, 4×4······ 만큼 늘어나는 규칙이므로 7층으로 쌓았을 때
구슬은 모두 1+(2×2)+(3×3)+(4×4)+(5×5)+(6×6)+(7×7)
=1+4+9+16+25+36+49=140(개)입니다.

> **다른 풀이**
>
> 표를 이용하여 1층부터 7층까지의 구슬의 수를 구합니다.
>
> | | 1층 | 2층 | 3층 | 4층 | 5층 | 6층 | 7층 |
> |---|---|---|---|---|---|---|---|
> | 구슬의 수(개) | 1 | 5 | 14 | 30 | 55 | 91 | 140 |
>
> +4　+9　+16　+25　+36　+49

원의 수가 2배씩 늘어나는 규칙입니다.

따라서 7번째 그림에서 그린 원은 모두

1+2+4+8+16+32+64=127(개)입니다.

> **다른 풀이**
>
> 표를 이용하여 1번째부터 7번째 그림까지의 원의 수를 구합니다.
>
> | | 1번째 | 2번째 | 3번째 | 4번째 | 5번째 | 6번째 | 7번째 |
> |---|---|---|---|---|---|---|---|
> | 원의 수(개) | 1 | 3 | 7 | 15 | 31 | 63 | 127 |
>
> +2　+4　+8　+16　+32　+64

최상위 사고력

152~153쪽

1 33개

3 10

4 54, 81

2

⊙	3	4	5	6
2	6	8	1	3
3	9	3	6	9
4	3	7	2	6
5	6	2	7	3

1 알파벳 W 모양으로 바둑돌을 놓고 있습니다. 오른쪽 그림과 같이 직선에 놓인 바둑돌끼리
묶어서 규칙을 찾아보면 (몇 번째에 놓이는 바둑돌의 수)=(몇 번째 수)×4+1이므로
(8번째에 놓이는 바둑돌의 수)=8×4+1=33(개)

> **다른 풀이**
>
> 바둑돌을 오른쪽 그림과 같은 방법으로 묶어 규칙을 찾아보면
>
> (몇 번째에 놓이는 바둑돌의 수)=(몇 번째 수+1)×4-3이므로
> (8번째에 놓이는 바둑돌의 수)=(8+1)×4-3=9×4-3=36-3=33(개)

2 가로와 세로가 만나는 곳에 그 줄에 적힌 두 수를 곱한 결과의 각 자리 숫자의 합을 쓰는 규칙입니다.

⊙	3	4	5	6
2	6	8	1	3
3	9	3	6	9
4	3	7	2	6
5	6	2	7	3

$2 \times 6 = 12 \Rightarrow 1 + 2 = 3$

$5 \times 3 = 15 \Rightarrow 1 + 5 = 6$

3 $\heartsuit 13 - \heartsuit 8 = (1+2+3+\cdots+12+13)-(1+2+3+\cdots+7+8)$
$= 9+10+11+12+13 = 55$

$\heartsuit ㉡ = 55$에서 $\heartsuit 10 = 1+2+3+\cdots+9+10 = 55$이므로 $㉡ = 10$입니다.

4
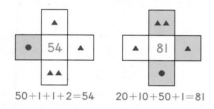

$2+2+2+1=7$ $10+5+1=16$ $20+5+2+1=28$

▲=1, ●=5를 나타냅니다. 또한 색칠한 자리는 십의 자리를 나타 내고, 색칠하지 않은 자리는 일의 자리를 나타냅니다.

$50+1+1+2=54$ $20+10+50+1=81$

Review VI 규칙

154~156쪽

1	**2** 21도막	**3** 14
4 10개	**5** 26개	**6** 32

1 ●는 시계 방향으로 1칸씩 움직이고, ▲은 시계 반대 방향으로 2칸씩 움직이는 규칙입니다.

2 실을 한 번씩 자를 때마다 4도막씩 새로 생깁니다.

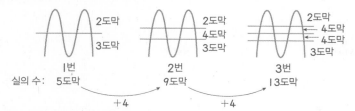

따라서 (몇 번 잘랐을 때 나누어진 실의 수)=1+4×(몇 번째 수)이므로
5번 잘랐을 때 실은 모두 1+4×5=21(도막)으로 나누어집니다.

3 십자 모양 가운데에 들어가는 수 ㉠은 ㉢×㉣과 ㉡×㉤의 차입니다.
따라서 7×9-7×7=63-49=14이므로 빈칸에 알맞은 수는 14입니다.

4 ▲의 개수는 3, 4, 5, 6……씩 늘어나고,
△의 개수는 2, 3, 4, 5……씩 늘어납니다.
구하는 것은 ▲와 △의 개수의 차이므로 ▲와 △의 개수의 차의 규칙을 찾아봅니다.

   ……

	1번째	2번째	3번째	4번째	5번째	6번째	7번째	8번째	9번째
▲의 개수	3	6	10	15	21	28	36	45	55
△의 개수	1	3	6	10	15	21	28	36	45
개수의 차	2	3	4	5	6	7	8	9	10

따라서 ▲와 △의 개수의 차는 2, 3, 4, 5……이므로 9번째 그림에서의 ▲와 △의 개수의 차는 10개입니다.

5 점의 수가 4, 5, 6, 7, 8……씩 늘어나는 규칙입니다.

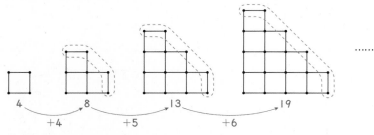

따라서 5번째 그림에서 점의 수는 모두 4+(4+5+6+7)=26(개)입니다.

6 수지가 말한 수를 2번 곱한 수에 민우가 말한 수를 더한 값을 승하가 말하는 규칙입니다.
(수지가 말한 수)×(수지가 말한 수)+(민우가 말한 수)=(승하가 말한 수)
따라서 6번째에 승하가 말해야 할 수는 5×5+7=32입니다.

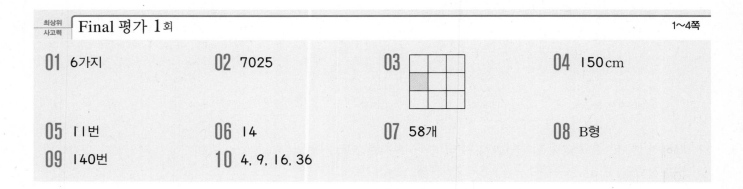

01 6가지

02 7025

03 (도형)

04 150 cm

05 11번

06 14

07 58개

08 B형

09 140번

10 4, 9, 16, 36

---

01 (가에서 ㉠까지 가는 가장 짧은 길의 가짓수)
　×(㉠에서 ㉡까지 가는 가장 짧은 길의 가짓수)
　×(㉡에서 나까지 가는 가장 짧은 길의 가짓수)
　＝3×1×2＝6(가지)

해결 전략
가장 짧은 길의 가짓수를 구할 때는 곱을
이용하면 편리합니다.

02 　　〈큰 수〉
　천　백　십　일
　7─5┬2─0　1번째
　　　│　0─2　2번째
　　　├2┬5─0　3번째
　　　│　0─5　4번째
　　　└0┬5─2　5번째
　　　　 2─5　6번째

따라서 6번째로 큰 수는 7025입니다.

해결 전략
큰 수를 높은 자리부터 놓아 가장 큰 수부터
차례로 네 자리 수를 만듭니다.

03 색칠된 한 칸이 사각형 가장자리를 따라 시계 방향으로 1칸, 2칸, 3칸……씩 움직이는 규칙입니다.
　따라서 여섯 번째에 올 도형은 사각형 가장자리를 따라 시계 방향으로 5칸 움직여서 색칠합니다.

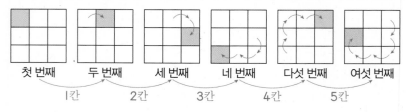

첫 번째　두 번째　세 번째　네 번째　다섯 번째　여섯 번째
　　1칸　　2칸　　3칸　　4칸　　5칸

04 길이가 6 m인 막대를 길이가 1 m 20 cm인 도막으로 똑같이 자르면
　6 m＝1 m 20 cm＋1 m 20 cm＋1 m 20 cm＋1 m 20 cm＋1 m 20 cm이므로 5도막으로 잘립니다.
　　　　　　　　　　　　　　5번

　길이가 6 m인 막대를 4도막으로 똑같이 자르면
　6 m＝600 cm＝150 cm＋150 cm＋150 cm＋150 cm입니다.
　　　　　　　　　　　　　　4번

　따라서 잘못 자른 한 도막의 길이는 150 cm입니다.

05 오전 7시부터 오전 11시까지 ➡ 4번
　오전 11시부터 오후 1시까지 ➡ 12시에 1번
　오후 1시부터 오후 7시까지 ➡ 6번
　따라서 오전 7시부터 오후 7시까지 4＋1＋6＝11(번) 겹쳐집니다.

06 ★의 규칙은 (앞의 수)×2＋(뒤의 수)입니다.

8★□＝30에서 8★□＝8×2＋□＝16＋□＝30이므로

16＋□＝30, □＝14입니다.

보충 개념

1★2＝1×2＋2＝2＋2＝4

3★4＝3×2＋4＝6＋4＝10

6★3＝6×2＋3＝12＋3＝15

7★6＝7×2＋6＝14＋6＝20

07 ㉣에 있는 타일의 수를 세로 8cm에 맞게 두 수의 곱으로 나타내면 18＝2×9＝3×6으로 2가지가 있습니다.

① 18＝2×9인 경우

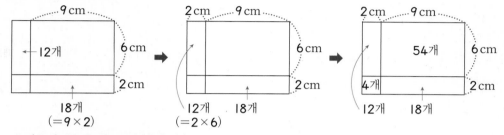

➡ (㉡과 ㉢에 있는 타일의 수)＝54＋4＝58(개)

② 18＝3×6인 경우

주의

18＝1×18의 경우에는 5와 어떤 수의 곱으로 12를 만들 수 없으므로 구할 수 없습니다.

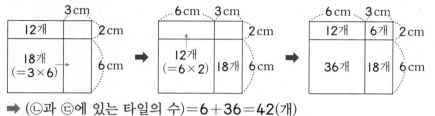

➡ (㉡과 ㉢에 있는 타일의 수)＝6＋36＝42(개)

따라서 ㉡과 ㉢에 있는 타일의 수가 가장 큰 값은 58개입니다.

08 표를 그려 네 사람의 혈액형을 찾아봅니다.

첫 번째 조건에서 형진이와 명호의
혈액형이 A형이 아닙니다.

이름＼혈액형	A형	B형	AB형	O형
진우				
형진	×			
명호	×			
수지				

두 번째 조건에서 진우의 혈액형이
B형이 아닙니다.

이름＼혈액형	A형	B형	AB형	O형
진우		×		
형진	×	×		
명호	×			
수지				

세 번째 조건에서 수지와 형진이의
혈액형은 A형과 O형 중 하나입니다.
(＝B형과 AB형이 아닙니다.)

이름＼혈액형	A형	B형	AB형	O형
진우		×		
형진	×	×	×	
명호	×			
수지		×	×	

네 사람의 혈액형이 모두 다르도록
빈칸에 ○표 합니다.

이름＼혈액형	A형	B형	AB형	O형
진우		×	○	
형진	×	×	×	○
명호	×	○		
수지	○	×	×	

따라서 영호는 B형입니다.

09 I부터 99까지의 수, 100부터 200까지의 수로 구간을 나눈 후 각각의 일의 자리, 십의 자리, 백의 자리에
I을 몇 번씩 썼는지 구합니다.

① I부터 99까지의 수

일의 자리 숫자가 I인 수: I, II, 2I, 3I, 4I, 5I, 6I, 7I, 8I, 9I ➡ IO개

십의 자리 숫자가 I인 수: IO, II, I2, I3, I4, I5, I6, I7, I8, I9 ➡ IO개

➡ I부터 99까지의 수 중에서 I을 모두 IO+IO=20(번) 썼습니다.

② IOO부터 200까지의 수

일의 자리 숫자가 I인 수: IOI, III, I2I, I3I, I4I, I5I, I6I, I7I, I8I, I9I ➡ IO개

십의 자리 숫자가 I인 수: IIO, III, II2, II3, II4, II5, II6, II7, II8, II9 ➡ IO개

백의 자리 숫자가 I인 수: IOO, IOI, IO2 …… I99 ➡ IOO개

➡ IOO부터 200까지의 수 중에서 I을 모두 IOO+IO+IO=I20(번) 썼습니다.

따라서 민수는 I을 모두 20+I20=I40(번) 썼습니다.

10 I, 4, 9, I6, 25, 36, 49, 64, 8I 중에서 3번 나오는 수를 구합니다.

$4=I×4=2×2=4×I$, $9=I×9=3×3=9×I$,

$I6=2×8=4×4=8×2$, $36=4×9=6×6=9×4$

따라서 3번 나오는 수는 4, 9, I6, 36입니다.

보충 개념

×	I	2	3	4	5
I	I	2	3	4	5
2	2	4	6	8	IO
3	3	6	9	I2	I5
4	4	8	I2	I6	20
5	5	IO	I5	20	25

곱셈구구표에 나오는 수들은 점선을 기준으로 대칭이므로 점선에 있는 수들만 제외하고 모두 짝수 번씩 나옵니다.

최상위 사고력 **Final 평가 2회**

5~8쪽

01 I6cm

02 2035, 2725, 34I5

03 I시간 I2분

04

×	5	6	3	8
2	IO	I2	6	I6
4	20	24	I2	32
7	35	42	2I	56
9	45	54	27	72

05 4789

06 3m

07 2I번

08 8개

09

5	+	I	=	6
+				=
4				3
=				×
9	−	7	=	2

10 I2개

01 긴 막대와 짧은 막대의 길이의 차가 7cm이므로
그림을 그리면 다음과 같습니다.

따라서 긴 도막의 길이는 9+7=16(cm)입니다.

02

| 1805 | 2265 | 2495 | 2955 | 3185 | 3645 |

460   230   460   230   460

해결 전략
주어진 수를 크기가 작은 수부터 차례로
놓고 몇씩 뛰어서 세었는지 구합니다.

일정한 수만큼 뛰어서 센 것이므로 230씩 뛰어서 센 것입니다.
따라서 460씩 뛰어서 센 곳 사이에 230씩 뛰어서 센 수를 쓰면 다음과 같습니다.

| 1805 | 2035 | 2265 | 2495 | 2725 | 2955 | 3185 | 3415 | 3645 |

따라서 뒤집힌 카드에 알맞은 수를 작은 수부터 차례로 쓰면
2035, 2725, 3415입니다.

03 1시간에 3분씩 빠르게 가는 시계와 1시간에 5분씩 느리게 가는 시계는
1시간에 8분씩 차이 납니다.
오전 8시부터 오후 5시까지는 9시간이므로
8×9=72(분)=1(시간) 12(분)입니다.

해결 전략
먼저 1시간에 몇 분씩 차이가 나는지 구합
니다.

04 가장 먼저 수를 넣을 수 있는 칸부터 알맞은 수를 써넣습니다.

×				8
			6	
	24	12		
			21	
9	45			72

➡

×	5			8
			6	
	24	12		
			21	
9	45			72

➡

×	5		3	8
			6	
	24	12		
			21	
9	45			72

➡

×	5		3	8
2			6	
4		24	12	
7			21	
9	45			72

➡

×	5	6	3	8
2			6	
4		24	12	
7			21	
9	45			72

➡

×	5	6	3	8
2	10	12	6	16
4	20	24	12	32
7	35	42	21	56
9	45	54	27	72

05 두 번째 조건과 세 번째 조건을 만족하는 경우는 5가지입니다.

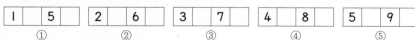

이 중에서 ①, ②는 남은 숫자의 합이 각각 22, 20이 되어 10보다 작
은 숫자가 들어갈 수 없고, ③은 남은 숫자의 합이 18이 되어 들어갈
수 있는 숫자가 9이어서 들어갈 수 없고, ⑤는 일의 자리에 9보다 큰
숫자가 들어갈 수 없습니다.
따라서 조건을 만족하는 수는 ④뿐이고, 조건에 맞게 남은 빈칸을

채우면 | 4 | 7 | 8 | 9 |입니다.

06 ① 지원이는 정우보다 8m만큼 앞섰고, 민아보다는 15m만큼 앞섰습니다.

② 민아는 승호보다 10m만큼 뒤떨어졌습니다.

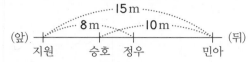

따라서 승호와 정우 사이의 거리는 8+10-15=3(m)입니다.

07 1시부터 2시까지 ➡ 01:05, 01:14, 01:23, 01:32, 01:41, 01:50 (6번)
2시부터 3시까지 ➡ 02:04, 02:13, 02:22, 02:31, 02:40 (5번)
3시부터 4시까지 ➡ 03:03, 03:12, 03:21, 03:30 (4번)
4시부터 5시까지 ➡ 04:02, 04:11, 04:20 (3번)
5시부터 6시까지 ➡ 05:01, 05:10 (2번)
6시부터 7시까지 ➡ 06:00 (1번)
따라서 4개의 수의 합이 6이 되는 경우는 모두 6+5+4+3+2+1=21(번)입니다.

08 일의 자리에 0이 나오려면 5×(짝수) 또는 (짝수)×5의 형태가 되어야
합니다.
따라서 5×2=10, 5×4=20, 5×6=30, 5×8=40,
2×5=10, 4×5=20, 6×5=30, 8×5=40이므로
0이 있는 수는 모두 8개입니다.

09

③	+	1	=	①
+				‖
④				②
‖				×
⑤	−	⑥	=	2

①~⑥의 순서로 빈칸에 들어가는 수를 구합니다.
2와 곱하여 나올 수 있는 수는 짝수이므로 ①=4 또는 6입니다.
이 중에 주어진 수 카드에 알맞은 수는 ①=6, ②=3입니다.
③+1=6이므로 ③=5입니다.
사용하지 않은 수 4, 7, 9를 알맞게 써넣으면 ④=4, ⑤=9, ⑥=7입니다.

10 1번째, 2번째, 3번째⋯⋯에 가장 아래에 1개, 2개, 3개⋯⋯ 흰 바둑돌과 검은 바둑돌이 번갈아가며 놓입
니다.
또한 짝수 번째인 2번째, 4번째, 6번째⋯⋯에 검은 바둑돌이 흰 바둑돌보다 1개, 2개, 3개⋯⋯ 많아집니다.
22번째까지 검은 바둑돌이 흰 바둑돌보다 11개 많지만 23번째에 흰 바둑돌이 23개 놓이므로 23번째에는
흰 바둑돌이 검은 바둑돌보다 23-11=12(개) 더 많습니다.

심화 완성 최상위 수학S, 최상위 수학

개념부터
심화까지

수학 좀 한다면

상위권의 힘, 사고력 강화

최상위 사고력

따라올 수 없는 자신감!
디딤돌 초등 라인업을 만나 보세요.

수준별 수학 기본서	디딤돌 초등수학 원리	3~6학년	교과서 기초 학습서
	디딤돌 초등수학 기본	1~6학년	교과서 개념 학습서
	디딤돌 초등수학 응용	3~6학년	교과서 심화 학습서
	디딤돌 초등수학 문제유형	3~6학년	교과서 문제 훈련서
	디딤돌 초등수학 기본+응용	1~6학년	한권으로 끝내는 응용심화 학습서
	디딤돌 초등수학 기본+유형	1~6학년	한권으로 끝내는 유형반복 학습서

상위권 수학 학습서	최상위 초등수학 S	1~6학년	심화 개념 · 심화 유형 학습서
	최상위 초등수학	1~6학년	심화 개념 · 심화 유형 학습서
	최상위 사고력	7세~초등 6학년	경시 · 영재 · 창의사고력 학습서
	3% 올림피아드	1~4과정	올림피아드 · 특목중 대비 학습서

연산학습 교재	최상위 연산은 수학이다	1~6학년	수학이 담긴 차세대 연산 학습서

국사과 기본서	디딤돌 초등 통합본(국어·사회·과학)	3~6학년	교과 진도 학습서

국어 독해력	디딤돌 독해력	1~6학년	수능까지 연결되는 초등국어 독해 훈련서